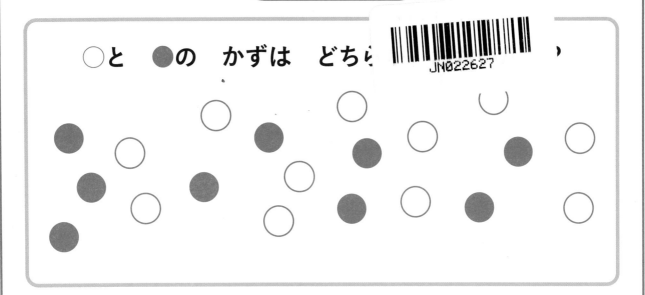

○と ●の かずは どち〔　　　　　　　〕

かずを かぞえないで どちらが
おおいかを わかるように する
ほうほうは ないかな？

かんがえて みよう！

＿＿＿＿＿＿＿＿ の ほうが おおい。

ほうほう

できたら
てんさい
天才！

みんなは どう かんがえたかな？

○と● を 1つずつ せんで むすんだら わかるよ！

せんで むすんだのは おなじ かずだから
あまった ○の ほうが おおい。

ならべかえても わかりやすく なるよ！

あまった ○だけ
おおいんだね。

ここは おなじ かずだ。

せんで むすんだり ならべたり すると おなじ
かずと おおい かずが 見やすく なるね！

① ○と●を　1つずつ　せんで　むすんで　どちらが
おおいか　くらべて　みよう！

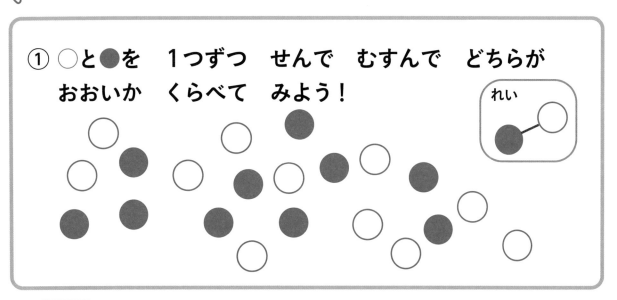

れい

こたえ

_____ の　ほうが　おおい。

② ○と●を　ならべかえて　どちらが　おおいか
くらべて　みよう！

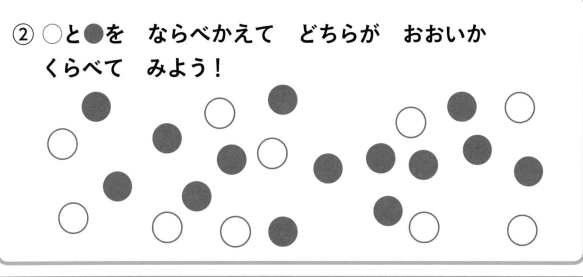

こたえ

_____ の　ほうが　おおい。

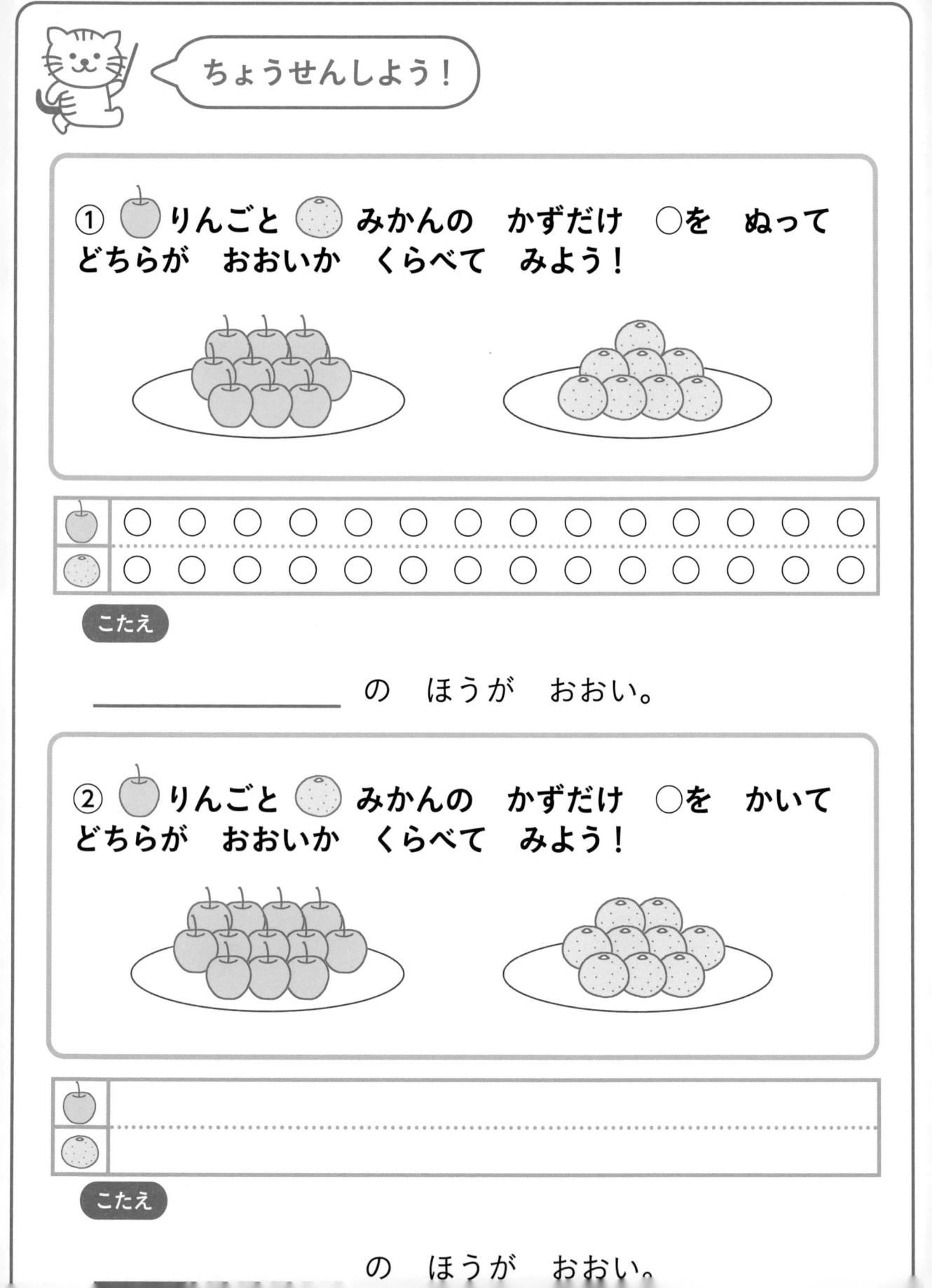

ちょうせんしよう！

① 🍎 りんごと 🍊 みかんの かずだけ ○を ぬって
どちらが おおいか くらべて みよう！

こたえ

＿＿＿＿＿＿＿＿ の ほうが おおい。

② 🍎 りんごと 🍊 みかんの かずだけ ○を かいて
どちらが おおいか くらべて みよう！

こたえ

の ほうが おおい。

「6は いくつと いくつ」の カードを つくるよ。
これで ぜんぶかな？

1 と 5

6 と 0

0 と 6

4 と 2

2 と 4

「6は いくつと いくつ」の カードは
あと2つ あるよ。
その カードを さがす よい
ほうほうを かんがえよう！

かんがえて みよう！

「6は いくつと いくつ」の カードは
_____ と _____ と _____ です。

さがしかた

できたら
天才！

みんなは　どう　かんがえたかな？

かずを　じゅんじょよく　ならべかえて　みたよ。

| 0 と 6 |
| 1 と 5 |

あっ　3が
ぬけて　いる！

じゅんばんで　みると
| 3 と 3 |
だよ。

| 2 と 4 |

5も　ぬけて
いるよ。

| 4 と 2 |

ここは
| 5 と 1 |
に　なる！

0から　6まで
そろったから
これで　ぜんぶだね。

| 6 と 0 |

じゅんじょよく　ならべかえて　みる
ことが　ポイントだね！

やって みよう！

「10は いくつと いくつ」に なる カードが あるよ。
1ページまえの 「みんなは どう かんがえたかな？」の ように
ならべかえて カードが ぜんぶ あるか たしかめよう！

| 0 と 10 |→| 0 と 10 |

6 と 4 | 1 と 9 |

2 と 8 | と |

7 と 3 | と |

9 と 1 | と |

5 と 5 | と |

1 と 9 | と |

8 と 2 | と |

3 と 7 | と |

4 と 6 | と |

10 と 0 | と |

① 8を 2つの かずに わけるよ。3つ かけるかな？

れい		❶		❷		❸	
8		8		8		8	
2	6						

② あと いくつで 10に なるかな？

❶

❷

❸

_____ こ　　　　　_____ ひき　　　　_____ 本

③ あめ が 7こ あるよ。子どもたちに 1つずつ
くばるとき（　　）に あてはまる かずは なにかな？

❶ 子どもが 4人 いるよ。 あめは（　　）こ あまる。

❷ 子どもが 10人 いるよ。 あめは（　　）こ たりない。

○は いくつ あるかな？

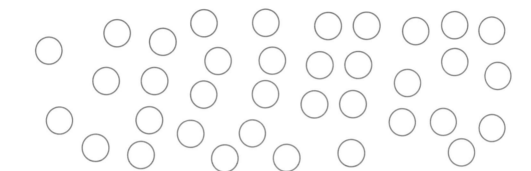

○の かずを
くふうして かぞえて みよう！

かんがえて みよう！

○の かずは ＿＿＿＿＿＿＿ こ。

かぞえかた ....

....

....

できたら
てんさい
天才！

9

みんなは どう かんがえたかな？

1こずつ かぞえて…。あ〜 わからなく なっちゃった。

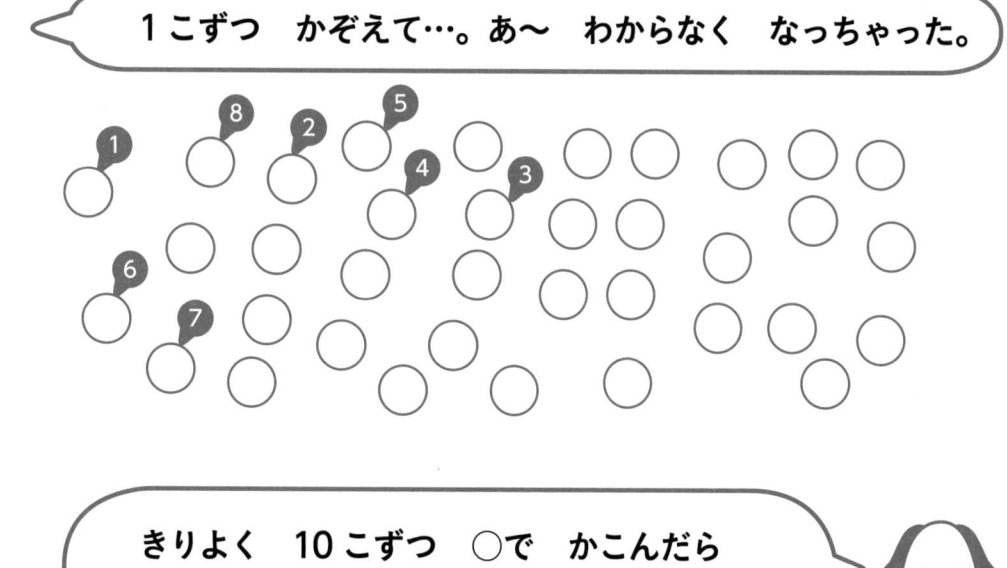

きりよく 10こずつ ○で かこんだら
いくつ あるか わかりやすく なるよ！

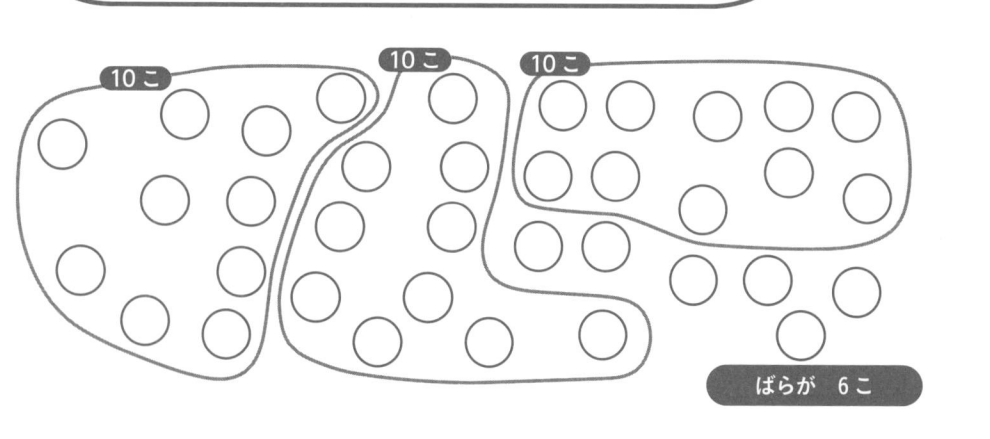

ばらが 6こ

10が 3つ、 ばらが 6つで
36こだね。

10の まとまりを つくるのが
かずを わかりやすく する ポイントだね！

① ○を 10こずつ かこんで ○が いくつ あるか かぞえよう！

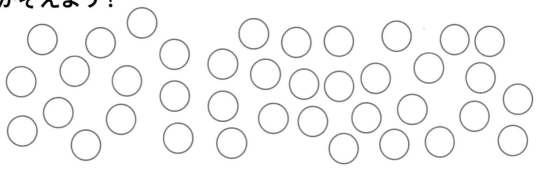

こたえ ○は ＿＿＿ こ。

② いくつ あるか □に かずを かこう！

れい おりがみは なんまい？

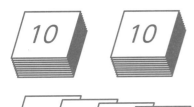

10 が 2 つ → 20

1 が 4 つ → 4

↓

24 まい

たまごは いくつ？

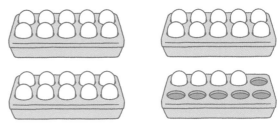

10 が □ つ → □

1 が □ つ → □

↓

□ こ

① □に あてはまる かずを かこう！

れい

5 4

十の くらい	一の くらい
5	4

10が	1が
5 こ	4 こ
↓	↓
50	4

❶

3 2

十の くらい	一の くらい

10が	1が
こ	こ
↓	↓

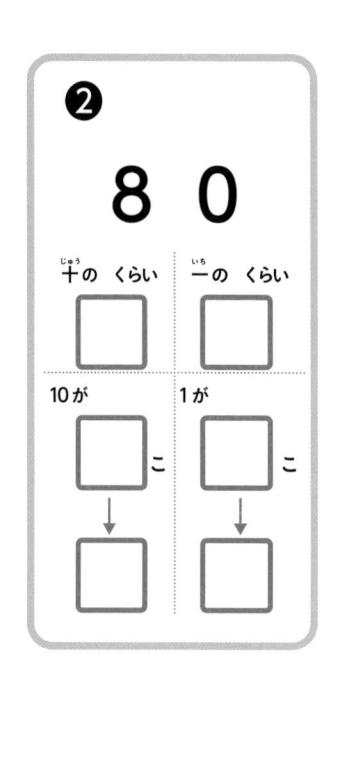

❷

8 0

十の くらい	一の くらい

10が	1が
こ	こ
↓	↓

② □に あてはまる かずを かこう！

れい

40	
10	30

❶

60	
40	

❷

100	
60	

③ たしざんを しよう！

れい

$$30 + 40 = 70$$

10が	10が	10が
3 こ +	4 こ =	7 こ

$$20 + 50 = \boxed{}$$

10が	10が	10が
こ +	こ =	こ

たしざんを かんたんに するには、
□に なんの かずを 入れると いいかな？

$$7 + \boxed{} + 6$$

□に かずを 入れて、3つの かずの
たしざんを つくるよ。
たしざんを かんたんに するには
□に 1から 9の どの かずを 入れたら いいかな？

かんがえて みよう！

わたしは □の かずを ＿＿＿＿ に します。

りゆう ....

できたら
天才！

....

....

みんなは　どう　かんがえたかな？

わたしは　小さな　かずが　いいと　おもう！
□に　1を　入れると…

$$7 + \boxed{1} + 6 \rightarrow 8 + 6 =$$

8

7+1は　かんたんだけど　のこった　8+6は　かんたんじゃないよ。
じゃあ、□の　かずを　3に　したら　どうかな？
7 + 3 = 10に　なるから…

$$7 + \boxed{3} + 6 \rightarrow 10 + 6 = 16$$

10

10　と　いくつ

なるほど！　10に　なるように　したんだ。10 + 6は、
「10と　いくつ」だから　たしざんが　かんたんだね。

10を　つくる　ことが　たしざんを
かんたんに　する　ポイントだよ！

「10 ＋いくつ」と　なるように　□に　かずを　入れて、
3つの　かずの　たしざんを　しよう。

れい　$9 + \boxed{1} + 4 \rightarrow 10 + 4 = 14$

① $7 + \square + 6 \rightarrow \underline{\quad} + \underline{\quad} = \underline{\quad}$

② $6 + \square + 8 \rightarrow \underline{\quad} + \underline{\quad} = \underline{\quad}$

③ $8 + \square + 5 \rightarrow \underline{\quad} + \underline{\quad} = \underline{\quad}$

④ $5 + \square + 6 \rightarrow \underline{\quad} + \underline{\quad} = \underline{\quad}$

⑤ $3 + \square + 9 \rightarrow \underline{\quad} + \underline{\quad} = \underline{\quad}$

ちょうせんしよう！

「いくつ ＋10」と　なるように　□に　かずを　入れて、
3つの　かずの　たしざんを　しよう。

れい 3 ＋ 2 ＋ 8 ➡ 3 ＋ 10 ＝ 13
　　　　　　　　10　　いくつ　と　10

① 4 ＋ □ ＋ 9 ➡ ＿＿＿ ＋ ＿＿＿ ＝ ＿＿＿

② 3 ＋ □ ＋ 8 ➡ ＿＿＿ ＋ ＿＿＿ ＝ ＿＿＿

③ 5 ＋ □ ＋ 7 ➡ ＿＿＿ ＋ ＿＿＿ ＝ ＿＿＿

④ 7 ＋ □ ＋ 6 ➡ ＿＿＿ ＋ ＿＿＿ ＝ ＿＿＿

⑤ 6 ＋ □ ＋ 5 ➡ ＿＿＿ ＋ ＿＿＿ ＝ ＿＿＿

２つの　たまごパックが　あるよ。　あわせて
いくつの　たまごが　あるか　かぞえよう。

①と　②では　どちらの　たまごパックの　ほうが
あわせた　たまごの　かずを　かぞえやすいかな？

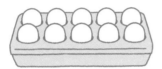 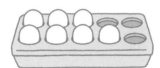

かんがえて　みよう！

かんたんに　かぞえられるのは　☐

りゆう

みんなは どう かんがえたかな？

たまごの かずが すくないから
①の ほうが かぞえやすいよ。

ぼくは ②の ほうが
かぞえやすいよ！

えっ おおいのに
どうして？

だって かたほうの
たまごパックに 10こ
入って いるから。
はい

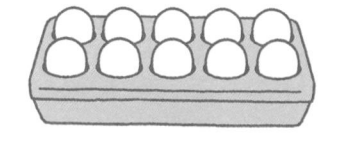 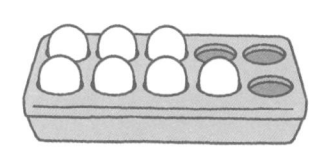

10こ　　　　　7こ

$$10 + 7 = 17$$

そうか！ ①の 9と 7で いくつに なるかを
かんがえるより
②の 10と 7は 17だと すぐに わかるね！

「10と いくつ」だと かずを
かぞえやすいんだね！

あわせた かずを かぞえやすい ほうを ○で かこもう！
1ページまえの 「みんなは どう かんがえたかな？」の ように
かんがえて みよう！

れい

7こ　　　　10こ　　　　　6こ　　　　8こ

① ___こ　　___こ　　　　___こ　　___こ

② ___にん人　　___にん人　　　　___にん人　　___にん人

③ ___こ　　___こ　　　　___こ　　___こ

④ ___こ　　___こ　　　　___こ　　___こ

ちょうせんしよう！

① つぎの　けいさんを　しよう！

❶ 10 ＋ 4 ＝ □ 　　❷ 10 ＋ 7 ＝ □

❸ 6 ＋ 10 ＝ □ 　　❹ 3 ＋ 10 ＝ □

② □ と ○ に　かずを　入れて　けいさんを　しよう！

> たされる　かずが
> 1　小さく　なったから
> こたえも　1　小さく
> なったね。

れい

$$10 + 4 = 14$$
$$-① \downarrow \qquad \downarrow -①$$
$$9 + 4 = \boxed{13}$$

❶
$$10 + 6 = 16$$
$$-○ \downarrow \qquad \downarrow -○$$
$$9 + 6 = □$$

❷
$$10 + 3 = 13$$
$$-○ \downarrow \qquad \downarrow -○$$
$$8 + 3 = □$$

❸
$$5 + 10 = 15$$
$$\downarrow -○ \qquad \downarrow -○$$
$$5 + 9 = □$$

❹
$$8 + 10 = 18$$
$$\downarrow -○ \qquad \downarrow -○$$
$$8 + 7 = □$$

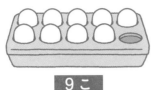

9こ　　　　　7こ

9 ＋ 7

たまごを　1こ　うつしかえると
かんたんに　かぞえられるように　なるよ。
どの　たまごを　どこに　うつしかえれば　いいかな？

いくつと　いくつに　なったら　あわせる
かずが　わかりやすく　なるかな？

かんがえて　みよう！

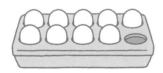 

たまごを　○で
かこんで
うつしかえる
ばしょに　→を
ひこう。

りゆう　...

できたら
天才！

....

....

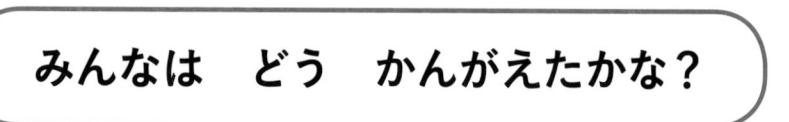
みんなは どう かんがえたかな？

わたしは 右(みぎ)の たまごパックから 1こ えらぶ。

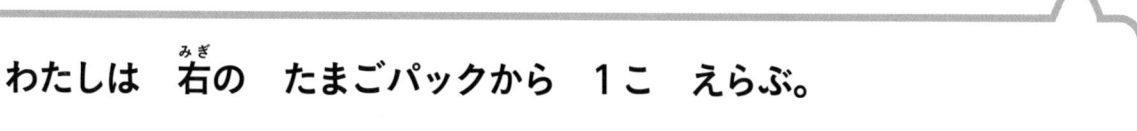

右(みぎ)の 1こを 左(ひだり)に うつすと 左(ひだり)の たまごパックは 10こに なるでしょ。

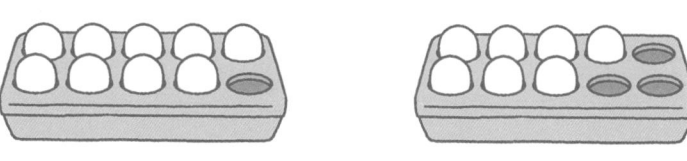

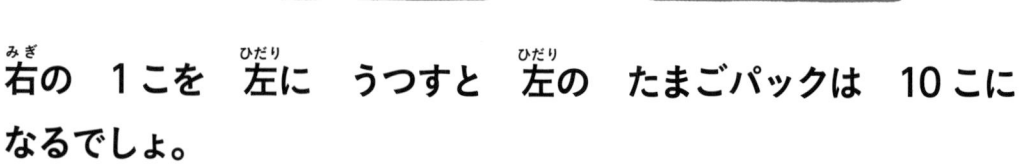

$$9 \quad + \quad 7$$

1 ふえる　　1こ あげる　　1へる

$$10 \quad + \quad 6 \quad = \quad 16$$

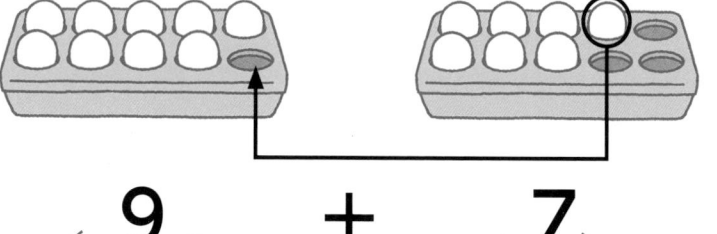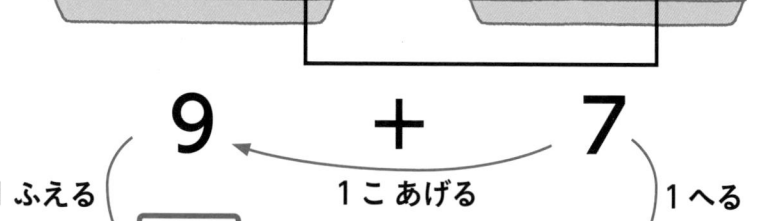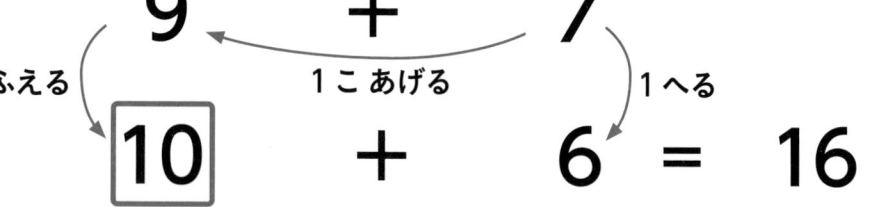

9＋7より 10＋6の ほうが 16だと すぐに わかるでしょ。

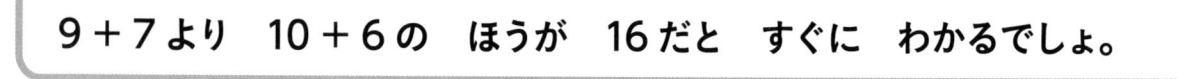
そうか！ 10に したかったんだね。

「10」を つくる ことが たしざんを かんたんに する ポイントだね！
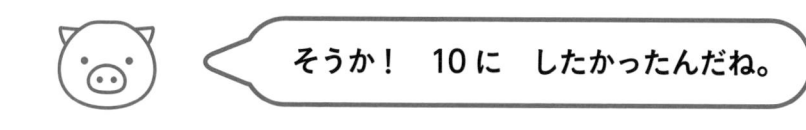

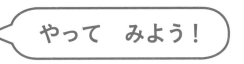

やって みよう！

かんたんに かぞえられる ように たまごを うごかして
しきに しよう！ 1ページまえの 「みんなは どう
かんがえたかな？」のように かんがえて みよう！

れい 9 ＋ 8

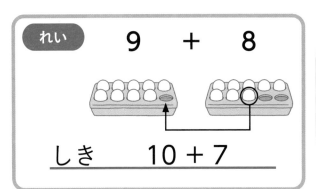

しき　　10 ＋ 7

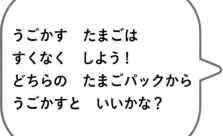

うごかす たまごは
すくなく しよう！
どちらの たまごパックから
うごかすと いいかな？

① 9 ＋ 4

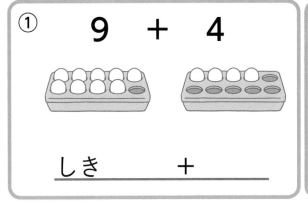

しき　　　　＋

② 6 ＋ 9

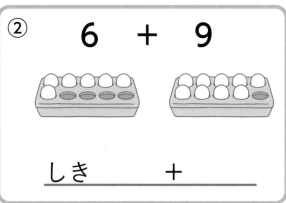

しき　　　　＋

③ 7 ＋ 5

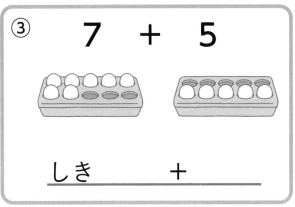

しき　　　　＋

④ 4 ＋ 8

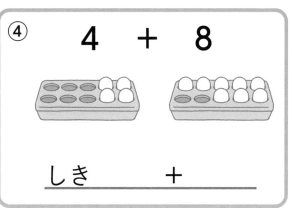

しき　　　　＋

ちょうせんしよう！

10に　なるように　かずを　わけて　けいさんするよ。
☐に　かずを　入れよう！

れい

$$8 + 6$$
$$= 8 + \boxed{2} + \boxed{4}$$
$$= 10 + \boxed{4}$$
$$= \boxed{14}$$

$$7 + 9$$
$$= \boxed{6} + \boxed{1} + 9$$
$$= \boxed{6} + 10$$
$$= \boxed{16}$$

①
$$9 + 5$$
$$= 9 + \boxed{} + \boxed{}$$
$$= 10 + \boxed{}$$
$$= \boxed{}$$

②
$$6 + 9$$
$$= \boxed{} + \boxed{} + 9$$
$$= \boxed{} + 10$$
$$= \boxed{}$$

③
$$8 + 4$$
$$= 8 + \boxed{} + \boxed{}$$
$$= 10 + \boxed{}$$
$$= \boxed{}$$

④
$$5 + 7$$
$$= \boxed{} + \boxed{} + 7$$
$$= \boxed{} + 10$$
$$= \boxed{}$$

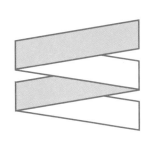

おりかさなって　いる　かみテープが
3本　あるよ。
どの　かみテープが　ながいかな？

ア　　　　　　　　　4まいに　おりかさなって　いる。

イ　　　　　　　　　5まいに　おりかさなって　いる。

ウ　　　　　　　　　10まいに　おりかさなって　いる。

かみテープを　のばした　とき
ながいのは　どれかな？

かんがえて　みよう！

ながい　かみテープは ＿＿＿＿＿ です。

りゆう

....

....

....

できたら
天才！

みんなは どう かんがえたかな？

アと イを くらべると イの ほうが ながいよ。

だって アは [　　　] が 4つぶんで

イは [　　　] が 5つぶんの ながさだから。

ア

| 1 | 2 | 3 | 4 | 5 |

イ

じゃあ ウが いちばん ながいんだ。
10まいも おりかさなって いるから。

でも ア・イと ウでは かさなって いる
1つぶんの ながさが ちがうよ。

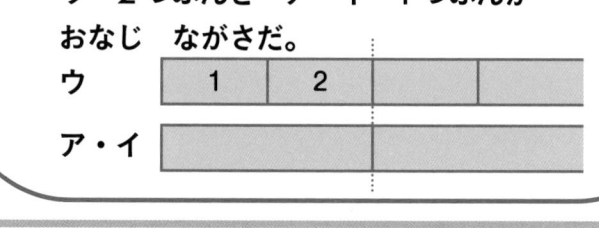

ウ 2つぶんと ア・イ 1つぶんが
おなじ ながさだ。

ウ

| 1 | 2 | | |

ア・イ

イの ながさは ウの 1つぶんの ながさで かぞえると

10こぶんの ながさに なるから イと ウは おなじ ながさだ！

ウ

| 1 | 2 | 3 | 4 | 5 | 6 | 7 | 8 | 9 | 10 |

イ

[　　　] の かずを かぞえる ことで
ながさくらべが できるね！

やって みよう！

アと イでは どちらが ながいかな？

①

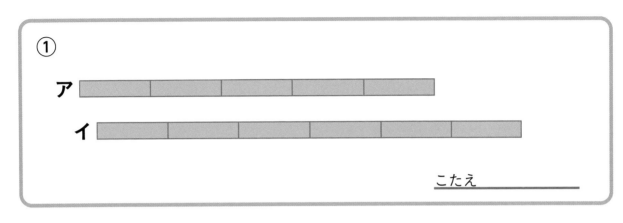

ア

イ

こたえ _____

②

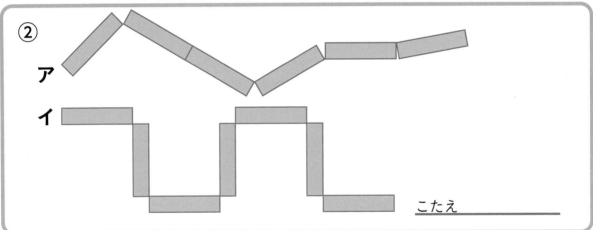

こたえ _____

③

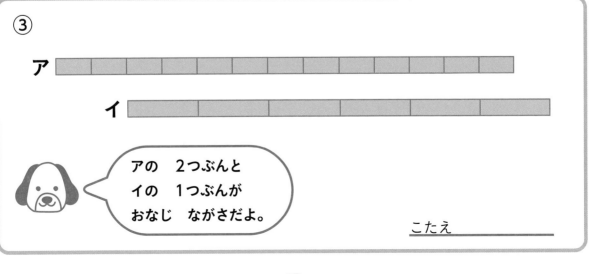

ア

イ

アの 2つぶんと
イの 1つぶんが
おなじ ながさだよ。

こたえ _____

① ・ と ・ の あいだは どこも おなじ ながさだよ。
ながい ほうに ○を つけよう！

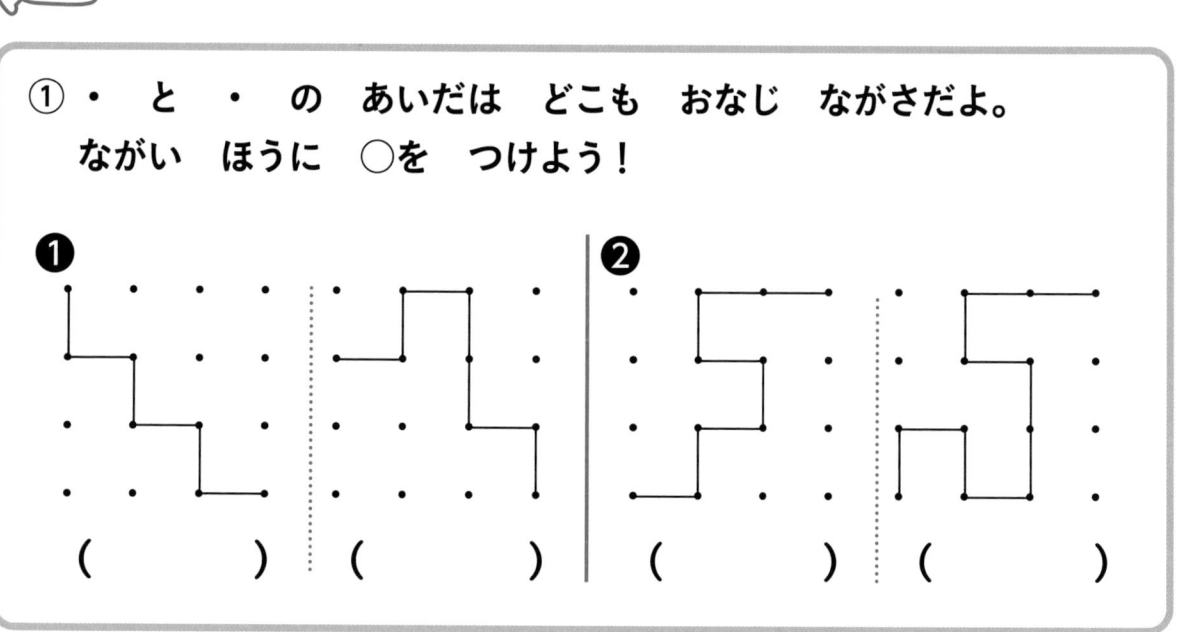

❶ （　　　　） （　　　　）

❷ （　　　　） （　　　　）

② ——→（よこ）は、｜（たて）2つぶんの ながさだよ。
ながい ほうに ○を つけよう！

❶ （　　　　） （　　　　）

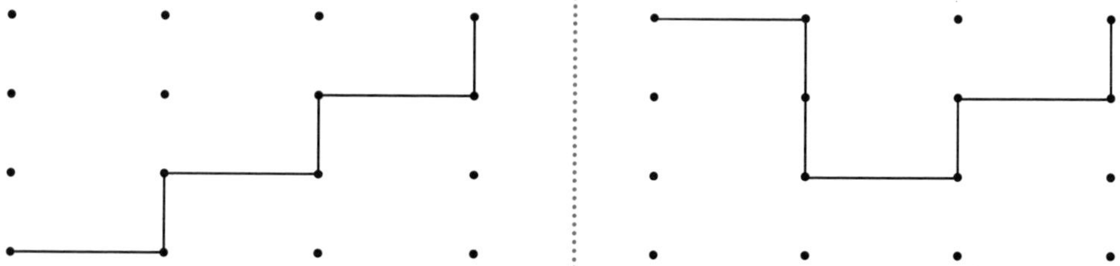

❷ （　　　　） （　　　　）

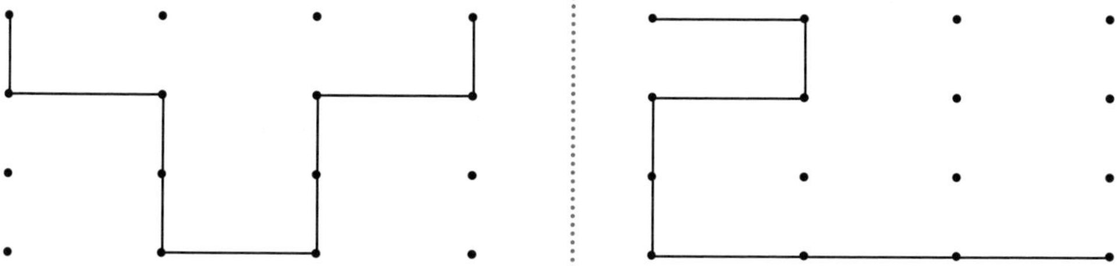

おりたたまれて　いる　シートが　３まい　あるよ。
ひろげたら　どの　シートが　ひろいかな？

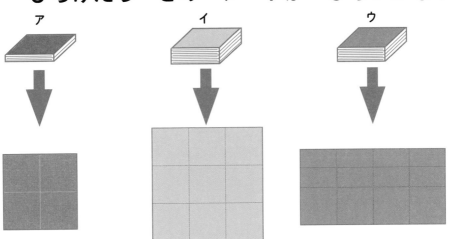

ア　　　　　イ　　　　　ウ

ひろげた　シートを　ひろい　じゅんに
ならべて　みよう！

かんがえて　みよう！

□　➡　□　➡　□

りゅう　..

できたら
天才！

....

....

みんなは どう かんがえたかな？

アと イを くらべると
イの ほうが ひろいよ。
かさねると アは イの 上に
まるごと のっかるから。

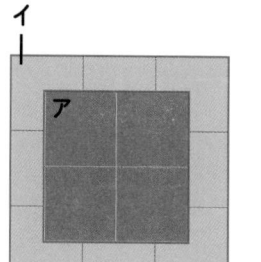

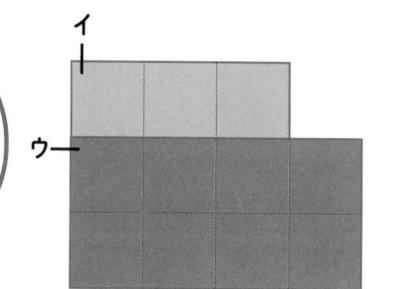

イとウを かさねると どちらも
はみ出て どちらが ひろいか
わからないなぁ。

1ますの ひろさが おなじだから
イの ほうが ひろいよ！
9ます あるから。

イ		
1	2	3
4	5	6
7	8	9

ますの かずで ひろさを くらべたのかぁ。
ウは 8ますだから イの ほうが 1ますぶん ひろいね。

ウ			
1	2	3	4
5	6	7	8

「かさねる」「ますの かず」の くらべかたが
あるんだね。

ひろい じゅんに ならべよう！

① ア　　　　　イ　　　　　　　ウ

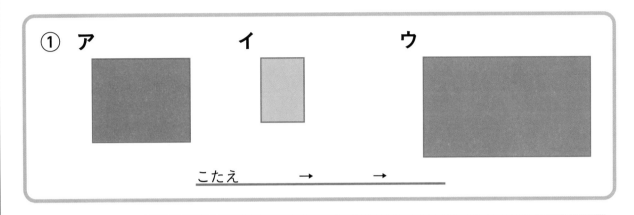

こたえ 　　　→ 　　　→

② ア　　　　　　　イ　　　　　　　ウ

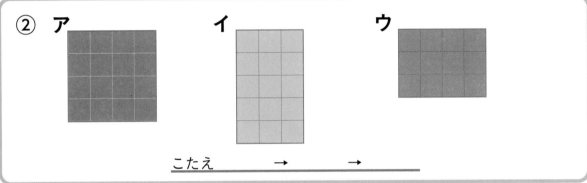

こたえ 　　　→ 　　　→

③ ア　　　　　イ　　　　　　　ウ

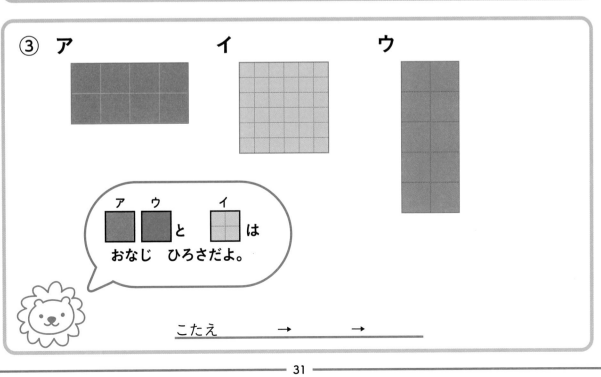

ア ウ と イ は
おなじ ひろさだよ。

こたえ 　　　→ 　　　→

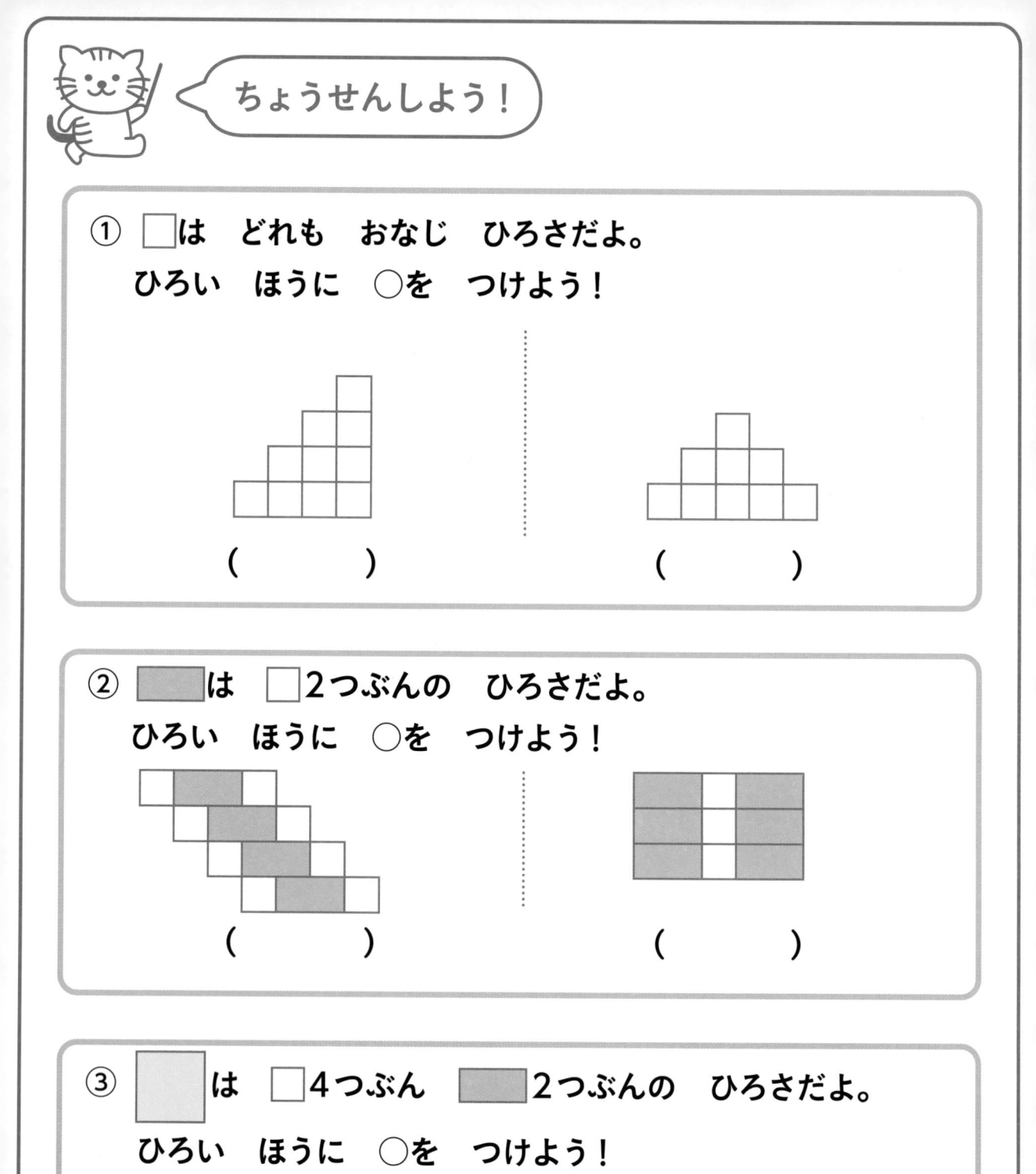

ちょうせんしよう！

① □は　どれも　おなじ　ひろさだよ。
　ひろい　ほうに　○を　つけよう！

（　　　　）　　　　　（　　　　）

② ▬は　□2つぶんの　ひろさだよ。
　ひろい　ほうに　○を　つけよう！

（　　　　）　　　　　（　　　　）

③ ▢は　□4つぶん　▬2つぶんの　ひろさだよ。
　ひろい　ほうに　○を　つけよう！

（　　　　）　　　　　（　　　　）

認定証

算数クイズ
1〜8

殿

_____

あなたを
「この１冊で身につく！１年生の算数思考力」
算数クイズ１〜８修了と認定します。
ここにその努力をたたえ、
認定証を授与します。
これからも算数クイズ名人を目指し、
思考力を伸ばしましょう！

年　　　月　　　日

筑波大学附属小学校　大野　桂

りんごが　2つの　おさらに　それぞれ
9こと　4こ　のって　いるよ。

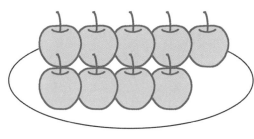 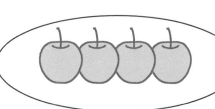

6こ　たべた　とき　のこりは　いくつかな？

のこりを　かんたんに　もとめる
ほうほうを　かんがえて　みよう！

かんがえて　みよう！

のこりは ＿＿＿＿＿ こ。

もとめかた　...

できたら
てんさい
天才！

....

....

みんなは　どう　かんがえたかな？

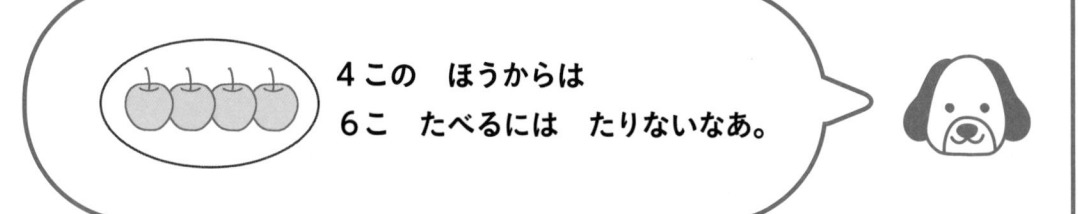
4この　ほうからは
6こ　たべるには　たりないなあ。

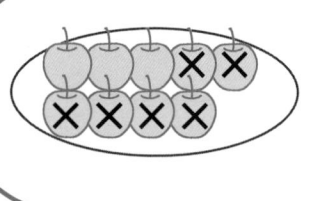
じゃあ　9この　おさらから
6こ　たべたら　どうかな？
9 − 6 = 3

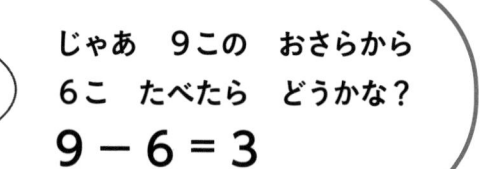

ひけるほうから　ひけば　いいんだね。

その　3こに　もう　1つの　おさらの　4こを　あわせたのが
のこりに　なるから…

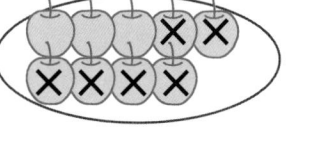 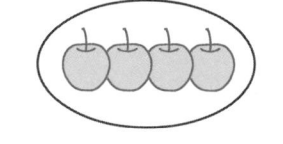

3　　　+　　　4　　　=　　　7

こたえ
のこり　7　こ

まず　ひける　ほうから　ひいて　しまうのが
けいさんを　かんたんに　する　ポイントだね。

やって みよう！

りんごを　たべると　のこりは　いくつに　なるかな？
1ページまえの　「みんなは　どう　かんがえたかな？」と
おなじ　ほうほうを　つかって　みよう！

れい　5こ　たべると　のこりは　いくつ？

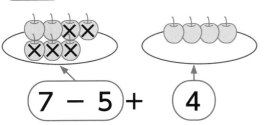

$$(7 - 5) + (4)$$
$$= \quad 2 \quad + \quad 4$$
$$= \quad 6$$

のこり　6　こ

① 6こ　たべると　のこりは　いくつ？

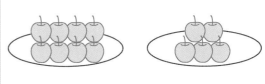

$$\underline{\quad} - \underline{\quad} + \quad 5$$
$$= \underline{\quad} + \underline{\quad 5\quad}$$
$$= \underline{\quad}$$

のこり　　こ

② 4こ　たべると　のこりは　いくつ？

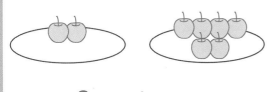

$$2 + \underline{\quad} - \underline{\quad}$$
$$= \underline{\quad 2\quad} + \underline{\quad}$$
$$= \underline{\quad}$$

のこり　　こ

③ 5こ　たべると　のこりは　いくつ？

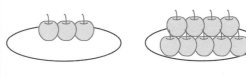

$$\underline{\quad} + \underline{\quad} - \underline{\quad}$$
$$= \underline{\quad} + \underline{\quad}$$
$$= \underline{\quad}$$

のこり　　こ

ひける　ほうから　ひく　ほうほうを　つかって
けいさんしよう！

れい

$$7 + 5 - 6$$

$$= \boxed{7 - \boxed{6}} + 5$$

$$= \boxed{1} + 5$$

$$= 6$$

$$7 + \boxed{6 - 4}$$

$$= 7 + \boxed{2}$$

$$= \boxed{9}$$

---

①

$$8 + 4 - 5$$

$$= \boxed{8 - \boxed{}} + 4$$

$$= \boxed{} + 4$$

$$= \boxed{}$$

---

②

$$9 + 3 - 7$$

$$=$$
_____

$$=$$
_____

$$=$$
_____

---

③

$$5 + \boxed{6 - 2}$$

$$= 5 + \boxed{}$$

$$= \boxed{}$$

---

④

$$8 + 6 - 4$$

$$=$$
_____

$$=$$
_____

りんごが 2つの おさらに それぞれ
6こと 5こ のって いるよ。

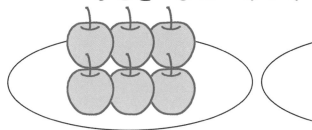

7こ たべた とき のこりは いくつかな？

のこりを かんたんに もとめる
ほうほうを かんがえよう！

かんがえて みよう！

のこりは ＿＿＿＿ こ。

もとめかた

....

できたら
てんさい
天才！

....

....

みんなは　どう　かんがえたかな？

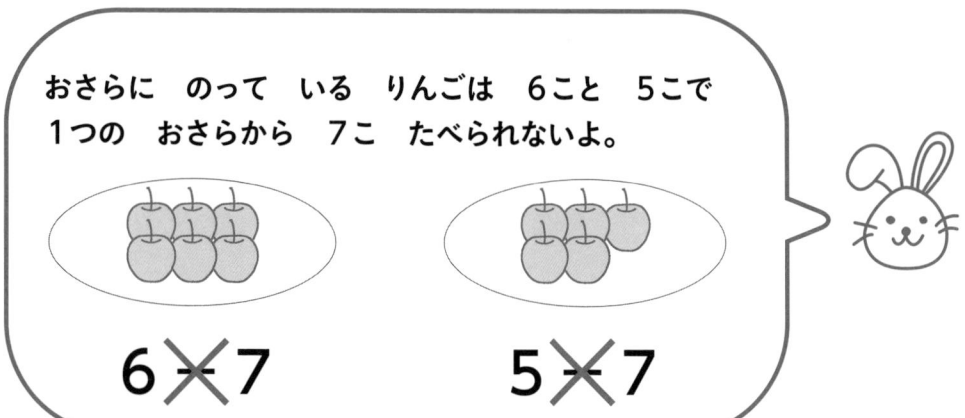

おさらに　のって　いる　りんごは　6ことと　5こで
1つの　おさらから　7こ　たべられないよ。

6 ╳ 7　　　5 ╳ 7

ぜんぶで　7こ　たべれば　いいんだから

6こ　のって　いる　ほうを　ぜんぶ　たべて

5こ　のって　いる　ほうから　あと　1こ　たべたら　いいよ！

まず　6 − 6 = 0　　つぎに　5 − 1 = 4

あわせて　⑦こ　たべた

のこり　　4こ

ひく　ことが　できるように　ひく　かずを
わけて　ひくのが　ポイントだね。

りんごを たべると のこりは いくつに なるかな？
1ページまえの 「みんなは どう かんがえたかな？」と
おなじ ほうほうを つかって みよう！

れい 5こ たべると のこりは いくつ？

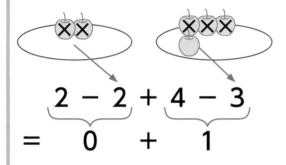

$$2 - 2 + 4 - 3$$
$$= \quad 0 \quad + \quad 1$$
$$= \quad 1$$

のこり 1 こ

---

① 9こ たべると のこりは いくつ？

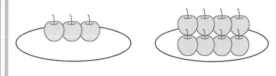

$$\underline{\quad} - \underline{\quad} + \underline{\quad} - \underline{\quad}$$
$$= \quad 0 \quad + \quad \underline{\quad}$$
$$= \quad \underline{\quad}$$

のこり   こ

---

② 7こ たべると のこりは いくつ？

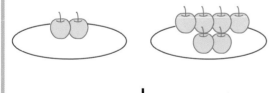

$$\underline{\quad} - \underline{\quad} + \underline{\quad} - \underline{\quad}$$
$$= \quad 0 \quad + \quad \underline{\quad}$$
$$= \quad \underline{\quad}$$

のこり   こ

---

③ 8こ たべると のこりは いくつ？

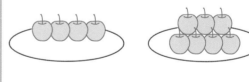

$$\underline{\quad} - \underline{\quad} + \underline{\quad} - \underline{\quad}$$
$$= \quad 0 \quad + \quad \underline{\quad}$$
$$= \quad \underline{\quad}$$

のこり   こ

ちょうせんしよう！

ひく　かずを　わけて　ひく　ほうほうを　つかって
けいさんしよう！

れい

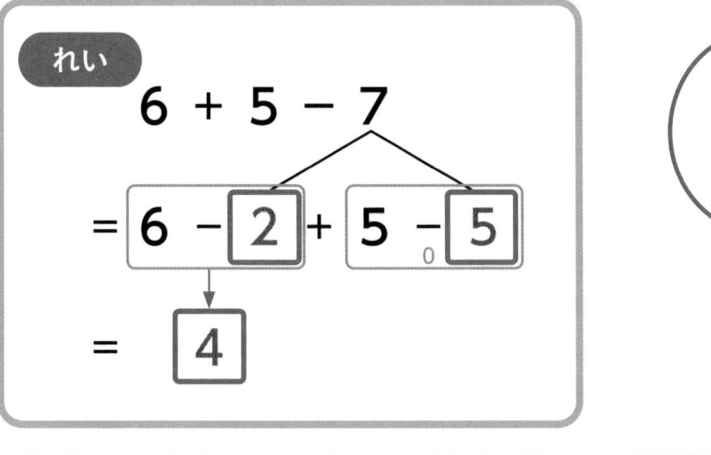

$6 + 5 - 7$

$= \boxed{6} - \boxed{2} + \boxed{5} - \boxed{5}$

$= \boxed{4}$

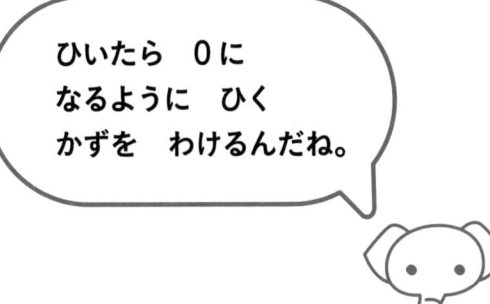

ひいたら　0に
なるように　ひく
かずを　わけるんだね。

①

$7 + 6 - 8$

$= \boxed{7} - \boxed{} + \boxed{6} - \boxed{}$

$= \boxed{}$

②

$8 + 6 - 7$

$= \boxed{8} - \boxed{} + \boxed{6} - \boxed{}$

$= \boxed{}$

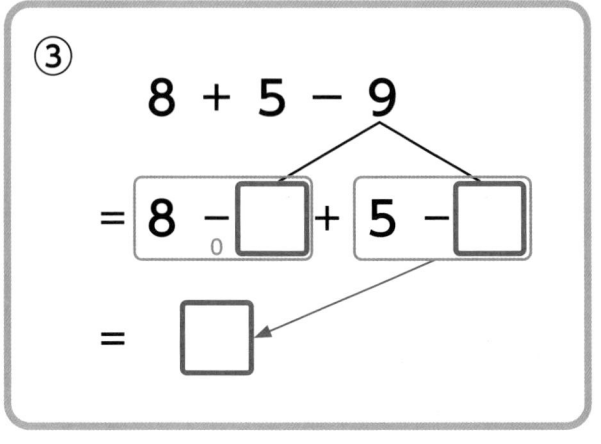

③

$8 + 5 - 9$

$= \boxed{8} - \boxed{} + \boxed{5} - \boxed{}$

$= \boxed{}$

④

$6 + 6 - 7$

$= \boxed{6} - \boxed{} + \boxed{6} - \boxed{}$

$= \boxed{}$

ひきざんを　かんたんに　するには、
□に　なんの　かずを　入れると　いいかな？

13 － □ － 4

□に かずを 入れて、3つの かずの
ひきざんを つくるよ。
ひきざんを かんたんに するには
□に 1から 9の どの かずを 入れたら いいかな？

かんがえて　みよう！

わたしは □の かずを ＿＿＿＿＿ に します。

りゆう ....

できたら
天才！

....

....

43

みんなは どう かんがえたかな？

小さい かずを ひくのは かんたんだから
わたしは ☐の かずを 1に したよ。

$$13 - \boxed{1} - 4 \rightarrow 12 - 4 =$$
12

13 −1は かんたんだけど のこった 12 −4は
かんたんでは ない。
☐が 3なら どうかな？

$$13 - \boxed{3} - 4 \rightarrow 10 - 4 = 6$$
10

なるほど 10を つくろうと おもったんだね。
それなら のこった 10−4も かんたんに
けいさんできるね。

ひかれる かずを 10に する ことが
ひきざんを かんたんに する ポイントなんだね！

□には どんな かずを 入れたら いいかな？
1ページまえの 「みんなは どう かんがえたかな？」と
おなじ ほうほうを つかって みよう！

れい

$$12 - \boxed{2} - 3$$
$$\underset{10}{}$$
$$= 10 - 3$$

①

$$14 - \boxed{} - 6$$
$$\underset{10}{}$$
$$= 10 - 6$$

②

$$15 - \boxed{} - 7$$
$$\underset{10}{}$$
$$= 10 - 7$$

③

$$13 - \boxed{} - 5$$
$$\underset{10}{}$$
$$= 10 - 5$$

④

$$11 - \boxed{} - 2$$
$$\underset{10}{}$$
$$= 10 - 2$$

⑤

$$16 - \boxed{} - 8$$
$$\underset{10}{}$$
$$= 10 - 8$$

つぎの　けいさんを　しよう！

れい

$13 - 3 - 4$
$= 10 - 4$
$= \boxed{6}$

$13 - 4 - 3$
$= 13 - 3 - 4$
$= 10 - 4$
$= \boxed{6}$

ひいたら　10 に
なるように　しきの
かずを　入れかえれば
いいね！

① $12 - 2 - 6$

$=　\quad -$

$= \Box$

② $17 - 7 - 3$

$=　\quad -$

$= \Box$

③ $13 - 6 - 3$

$=　\quad -　\quad -$

$=　\quad -$

$= \Box$

④ $17 - 9 - 7$

$=　\quad -　\quad -$

$=　\quad -$

$= \Box$

12 くり下がりの
ある ひきざん①

2つの たまごパックに あわせて 13この
たまごが あるよ。
4こ たべたとき のこりは いくつかな?

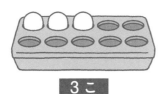
3こ

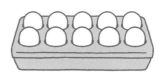
10こ

しきに すると 13－4 だね。
どちらの たまごパックから
たべはじめたら のこりの たまごの
かずを もとめやすいかな?

かんがえて みよう!

＿＿ この たまごパックから たべはじめたよ。
のこりは ＿＿ こ。

りゆう
....

できたら
天才!

....

....

みんなは　どう　かんがえたかな？

4こ　たべるから
まずは　3この　ほうを　たべきっちゃおう！

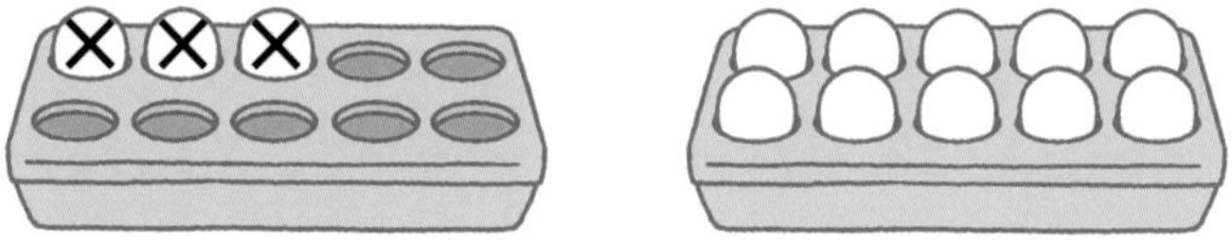

13 − 3 = 10

のこり　10こ

あと　1こは
10この　ほうから　たべよう。

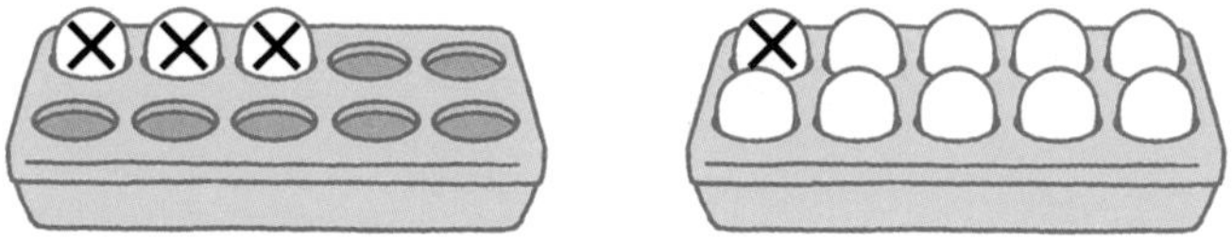

10 − 1 = 9

のこり　9こ

まず　一のくらいの　3を　ひいて　10に
するのが　ポイントだね。
それから　あと　1つを　10から　ひくんだね。

13 − 4　＝　13 − 3 − ①

3　①　＝　10 − ①

＝　9

たまごを たべると のこりは いくつに なるかな？
1ページまえの 「みんなは どう かんがえたかな？」と
おなじ ほうほうを つかって みよう！

れい たまごが 12こ あるよ。3こ たべると のこりは いくつ？

 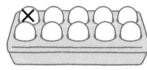

まず <u>2</u>こ たべる ➡ あと <u>1</u>こ たべるから

$12 - \underline{2} = 10$　　　$10 - \underline{1} = \underline{9}$　　のこり 9 こ

---

① たまごが 14こ あるよ。6こ たべると のこりは いくつ？

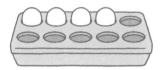 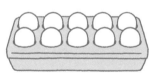

まず ＿こ たべる ➡ あと ＿こ たべるから

$14 - \underline{} = 10$　　　$10 - \underline{} = \underline{}$　　のこり　 こ

---

② たまごが 16こ あるよ。8こ たべると のこりは いくつ？

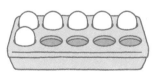 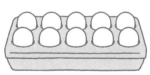

まず ＿こ たべる ➡ あと ＿こ たべるから

$16 - \underline{} = 10$　　　$10 - \underline{} = \underline{}$　　のこり　 こ

ひかれる　かずの　一のくらいが　0に　なるように
ひく　かずを　わけて　けいさんしよう！

れい

$$12 - 3$$
$$= \boxed{12 - \boxed{2}} - \boxed{1}$$
$$= 10 - \boxed{1}$$
$$= \boxed{9}$$

①
$$14 - 6$$
$$= 14 - \boxed{} - \boxed{}$$
$$= 10 - \boxed{}$$
$$= \boxed{}$$

②
$$13 - 5$$
$$= 13 - \boxed{} - \boxed{}$$
$$= \boxed{} - \boxed{}$$
$$= \boxed{}$$

③
$$11 - 8$$
$$= 11 - \boxed{} - \boxed{}$$
$$= \boxed{} - \boxed{}$$
$$= \boxed{}$$

④
$$17 - 9$$
$$= \underline{\hphantom{xxxxxxxx}}$$
$$= \underline{\hphantom{xxxxxxxx}}$$
$$= \boxed{}$$

⑤
$$14 - 8$$
$$= \underline{\hphantom{xxxxxxxx}}$$
$$= \underline{\hphantom{xxxxxxxx}}$$
$$= \boxed{}$$

2つの たまごパックに あわせて 13この
たまごが あるよ。
9こ たべたとき のこりは いくつかな？

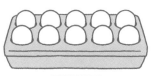

10こ

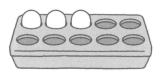

3こ

しきに すると 13－9 だね。
どちらの たまごパックから
たべはじめたら のこりの たまごの
かずを もとめやすいかな？

かんがえて みよう！

＿＿ この たまごパックから たべはじめたよ。
のこりは ＿＿ こ。

りゆう ....

できたら
天才！

....

....

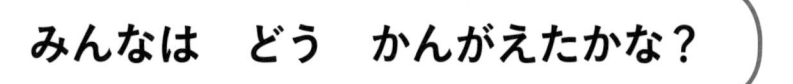

よし　10この　たまごパックから　9こ　ぜんぶを　たべちゃおう。

$$10 - 9 = 1$$

1こ　あまる

あまった　1こに　もう　1つの　たまごパックに　ある　3こを
あわせたのが　のこった　たまごの　かずになる！

10 − 9

$$1 + 3 = 4$$

のこり　4こ

はじめに　10から　9を　ぜんぶ　ひくのが
ポイントだね。それから　ひいた　のこり1と
一（いち）のくらいの　3を　あわせれば　いいんだね。

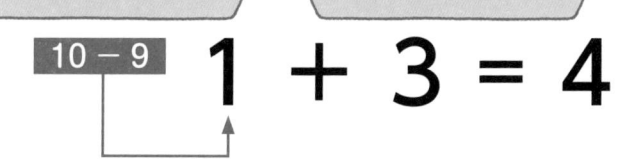

$$13 - 9 \ = \ \boxed{10} - 9 + ③$$

$$= \ \boxed{1} + ③$$

$$= \ 4$$

やって みよう！

たまごを たべると のこりは いくつに なるかな？
1ページまえの 「みんなは どう かんがえたかな？」と
おなじ ほうほうを つかって みよう！

れい たまごが 12こ あるよ。9こ たべると のこりは いくつ？

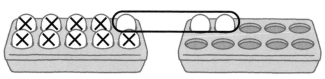

9こ たべる
$10 - 9 = \underline{1}$　➡　あまった $\underline{1}$ こと 2こを あわせる
$\underline{1} + 2 = 3$　　のこり 3こ

① たまごが 14こ あるよ。8こ たべると のこりは いくつ？

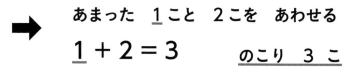

8こ たべる
$10 - 8 = \underline{}$　➡　あまった ___こと 4こを あわせる
___ $+ 4 = $___　のこり ___ こ

② たまごが 15こ あるよ。7こ たべると のこりは いくつ？

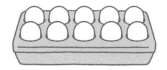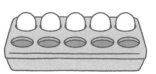

7こ たべる
$10 - 7 = \underline{}$　➡　あまった ___こと 5こを あわせる
___ $+ 5 = $___　のこり ___ こ

ちょうせんしよう！

ひかれる　かずを　10と　いくつに　わけて
けいさんしよう！

れい 13 − 9

= [10 − 9] + [3]

= [1] + [3]

= [4]

---

① 12 − 7

= [10 − 7] + ☐

= ☐ + ☐

= ☐

---

② 15 − 9

= [☐ − 9] + ☐

= ☐ + ☐

= ☐

---

③ 11 − 7

= [☐ − 7] + ☐

= ☐ + ☐

= ☐

---

④ 13 − 8

=

=

= ☐

---

⑤ 14 − 6

=

=

= ☐

認定証

算数クイズ
9〜13

殿

あなたを
「この１冊で身につく！１年生の算数思考力」
算数クイズ9〜13修了と認定します。
ここにその努力をたたえ、
認定証を授与します。
これからも算数クイズ名人を目指し、
思考力を伸ばしましょう！

年　　　月　　　日

筑波大学附属小学校　大野 桂

子どもたちが　1れつに　ならんで　いるよ。

   ………

わたしの　まえには　4人　うしろには　5人　いるよ。
ぜんぶで　なん人　ならんで　いるかな？

 ぜんぶの　人ずうを　もとめる　しきを
立てて　みよう。

かんがえて　みよう！

しき _____　こたえ _____人

しきの　いみ ....

....

....

できたら
天才！

みんなは　どう　かんがえたかな？

4人と　5人　いるんだから　9人でしょ。

4 + 5 = 9

えっ？　「わたし」を　入れわすれてない？

ぼくは　10人だと　おもう。なぜなら　ずを　かくと…

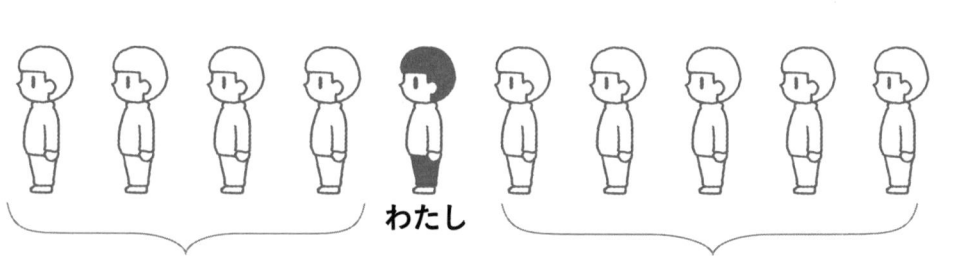

わたし

4　＋　1　＋　5　＝　10（人）

こたえ　10人

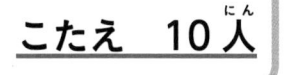

ずに　かくと　よく　わかるね。

「わたし」を　わすれない　ことが
ポイントだね。

やって みよう！

子どもたちが　1れつに　ならんで　いるよ。
「わたし」を　○で　かこんで　ぜんぶで　なん人　ならんで
いるか　もとめよう！

れい　わたしの　まえに　3人、うしろに　4人　ならんで　いるよ。

$\underline{3} + \underline{1} + \underline{4} = \underline{8}$　　　　こたえ　8人

① 　わたしの　まえに　4人、うしろに　2人　ならんで　いるよ。

__ ＋ __ ＋ __ ＝ __　　　　こたえ　　人

② 　わたしの　まえに　5人、うしろに　5人　ならんで　いるよ。

__ ＋ __ ＋ __ ＝ __　　　　こたえ　　人

③ 　わたしの　まえに　9人、うしろに　6人　ならんで　いるよ。

__ ＋ __ ＋ __ ＝ __　　　　こたえ　　人

ず と しき を かいて ぜんぶで なん人 ならんで
いるか もとめよう！

① わたしの まえに 4人、うしろに 5人 ならんで いるよ。

ず

しき ＿＿＿＿＿＿＿＿＿＿＿＿＿＿＿＿＿＿ こたえ ＿＿ 人

② わたしの まえに 7人、うしろに 3人 ならんで いるよ。

ず

しき ＿＿＿＿＿＿＿＿＿＿＿＿＿＿＿＿＿＿ こたえ ＿＿ 人

③ わたしの まえに 9人、うしろに 7人 ならんで いるよ。

ず

しき ＿＿＿＿＿＿＿＿＿＿＿＿＿＿＿＿＿＿ こたえ ＿＿ 人

④ わたしの まえに 8人、うしろに 9人 ならんで いるよ。

ず

しき ＿＿＿＿＿＿＿＿＿＿＿＿＿＿＿＿＿＿ こたえ ＿＿ 人

15 なん人 いるかな？②

子どもたちが　1れつに　ならんで　いるよ。

 ･･･････

わたしは　まえから　4ばん目で
うしろから　5ばん目だよ。
ぜんぶで　なん人　ならんで　いるかな？

ぜんぶの　人ずうを　もとめる　しきを
立てて　みよう。

かんがえて　みよう！

しき ＿＿＿＿＿＿＿＿　　こたえ ＿＿＿人

しきの　いみ

....

できたら
天才！

....

....

みんなは　どう　かんがえたかな？

まえから　4ばん目　うしろから　5ばん目だから　9人でしょ。

4 + 5 = 9

こたえ　9人

ちがうよ。8人だよ。

なぜなら　ずを　かくと

まえ　　　　　1　　　2　　　3　　4ばん目　4　　3　　2　　1
　　　　　　　　　　　　　　　　 5ばん目　　　　　　　　　　　うしろ

そうか！　9人に　なったのは　「わたし」を
2かい　かぞえて　いたからか！

　　　　　　1　　2　　3　　4　ばん目
まえ　　　　　　　　　　　　

　　　　　　　　　　　　　　5　　4　　3　　2　　1　うしろ
　　　　　　　　　　　　　ばん目

しきに　する　ときは　「わたし」を　1人ぶん　ひかないとね。

4 + 5 − 1 = 8

こたえ　8　人

「わたし」を　2かい　かぞえて　いるから
1ひく　ことが　ポイントだね。

子どもたちが　1れつに　ならんで　いるよ。
ぜんぶで　なん人　ならんで　いるか　もとめよう！

れい　わたしは　まえから　3ばん目、うしろから　4ばん目だよ。

まえ　➡

$$3 + 4 - 1 = 6$$

こたえ　6人

---

① わたしは　まえから　4ばん目、うしろから　2ばん目だよ。

まえ　➡

$$\_ + \_ - \_ = \_$$

こたえ　　人

---

② わたしは　まえから　5ばん目、うしろから　4ばん目だよ。

まえ　➡

$$\_ + \_ - \_ = \_$$

こたえ　　人

---

③ わたしは　まえから　6ばん目、わたしの　うしろには　4人
ならんで　いるよ。

まえ

$$\_ + \_ = \_$$

こたえ　　人

ず と しき を かいて ぜんぶで なん人 ならんで
いるか もとめよう！

① わたしは まえから 4ばん目、うしろから 5ばん目だよ。

ず

しき _____ こたえ ___ 人

② わたしは まえから 7ばん目、うしろから 3ばん目だよ。

ず

しき _____ こたえ ___ 人

③ わたしは まえから 10ばん目、うしろには 7人 ならんで
いるよ。

ず

しき _____ こたえ ___ 人

④ わたしの まえに 6人 ならんで いるよ。わたしは うしろから
9ばん目だよ。

ず

しき _____ こたえ ___ 人

りんごが　5こ　あるよ。
りんごは　みかんより　2こ　おおい。
みかんは　いくつ　あるかな？

りんご　

みかん　　　　　　　　　　？

たすのかな？　ひくのかな？
おはなしを　イメージして　しきを
立てて　みよう！

かんがえて　みよう！

しき ＿＿＿＿＿＿＿＿　こたえ ＿＿＿こ

りゆう ....

できたら
天才！

....

....

みんなは　どう　かんがえたかな？

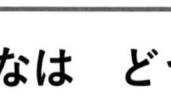

おはなしに「おおい」と　いう　ことばが　あるから　たしざんだよ。

5 ＋ 2 ＝ 7

みかんは　7こ

そうかなぁ　おはなしを　ずに　して　みると
みかんは　3こに　なるよ。

ほんとうだ
みかんは　3こだ。

2こ　おおい

りんご
みかん

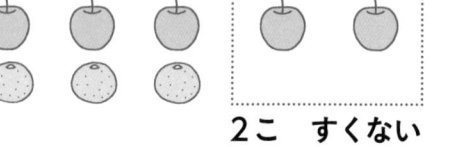

2こ　すくない

みかんは
りんごより　2こ
すくないのか。

しき　5 － 2 ＝ 3

こたえ
みかんは　3こ

おはなしに　「おおい」と　かかれて　いても
ひきざんに　なる　ことも　あるんだね。

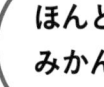

おはなしを　ずに　かいて　イメージしてから
しきを　立てるのが　ポイントだね！

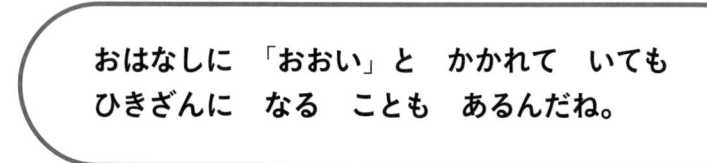

ずの つづきを かいて、もんだいに こたえよう！

れい りんごが 6こあるよ。りんごは みかんより
2こ おおい。みかんは いくつ あるかな？

りんご
みかん

2こ おおい
2こ すくない

しき：6 − 2 ＝ 4　　　　　　　　　こたえ　　4こ

---

① りんごが 8こあるよ。りんごは みかんより 3こ おおい。
みかんは いくつ あるかな？

りんご
みかん

しき：＿＿＿＿＿＿＿＿＿＿＿　　　　　こたえ　　　こ

---

② いぬが 10ぴき いるよ。いぬは ねこより 4ひき おおい。
ねこは なんびき いるかな？

いぬ
ねこ

しき：＿＿＿＿＿＿＿＿＿＿＿　　　　　こたえ　　　ひき

ず と **しき** を かいて もんだいに こたえよう！

① りんごが 7こ あるよ。りんごは みかんより 3こ おおい。
みかんは いくつ あるかな？

ず

しき
_____

こたえ　　　　　　こ

② りんごが 7こ あるよ。みかんは りんごより 3こ おおい。
みかんは いくつ あるかな？

ず

しき
_____

こたえ　　　　　　こ

③ 赤い 花が 10本 あるよ。赤い 花は 白い 花より
4本 おおい。白い 花は なん本 あるかな？

ず

しき
_____

こたえ　　　　　　本

④ 赤い 花が 10本 あるよ。白い 花は 赤い 花より
4本 おおい。白い 花は なん本 あるかな？

ず

しき
_____

こたえ　　　　　　本

りんごが　5こ　あるよ。
りんごは　みかんより　2こ　すくない。
みかんは　いくつ　あるかな？

りんご　

みかん　　　　　　　　？

たすのかな？　ひくのかな？
おはなしを　イメージして　しきを
立てて　みよう！

かんがえて　みよう！

しき＿＿＿＿＿＿＿＿　こたえ＿＿＿こ

りゆう　...

....

....

できたら
天才！

みんなは　どう　かんがえたかな？

おはなしに「すくない」と　いう　ことばが　あるから　ひきざんだよ。

5 − 2 = 3

みかんは　3こ

そうかなぁ　おはなしを　ずに　して　みると
みかんは　7こ　あるよ。

ほんとうだ
みかんは　7こだ。

2こ　すくない

りんご
みかん

2こ　おおい

みかんは
りんごより　2こ
おおいのか。

しき　5 + 2 = 7

こたえ
みかんは　7こ

おはなしに　「すくない」と　かかれて　いても
たしざんに　なることも　あるんだね。

おはなしを　ずに　かいて　イメージしてから
しきを　立（た）てるのが　ポイントだね！

やって みよう！

ずの つづきを かいて、もんだいに こたえよう！

れい りんごが 6こあるよ。りんごは みかんより
2こ すくない。みかんは いくつ あるかな？

りんご 🍎 🍎 🍎 🍎 🍎 🍎 ｜ 🍎 🍎 　2こ すくない
みかん 🍊 🍊 🍊 🍊 🍊 🍊 ｜ 🍊 🍊 　2こ おおい

しき：6 ＋ 2 ＝ 8　　　　　　　　　　こたえ　　8こ

---

① りんごが 8こあるよ。りんごは みかんより 4こ すくない。
みかんは いくつ あるかな？

りんご 🍎 🍎 🍎 🍎 🍎 🍎 🍎 🍎
みかん

しき：_____　　　　　こたえ　　　　こ

---

② いぬが 10ぴき いるよ。いぬは ねこより 3びき すくない。
ねこは なんびき いるかな？

いぬ 🐕 🐕 🐕 🐕 🐕 🐕 🐕 🐕 🐕 🐕
ねこ

しき：_____　　　　　こたえ　　　ひき

ちょうせんしよう！

ず と **しき** を かいて もんだいに こたえよう！

---

① りんごが 7こ あるよ。りんごは みかんより 3こ すくない。
みかんは いくつ あるかな？

ず

しき _____

こたえ ____ こ

---

② りんごが 7こ あるよ。みかんは りんごより 3こ すくない。
みかんは いくつ あるかな？

ず

しき _____

こたえ ____ こ

---

③ わたしの クラスは 男子が 10人 いるよ。女子は 男子より
3人 すくない。女子は なん人 いるかな？

ず
男子
女子

しき _____

こたえ ____ 人

---

④ わたしの クラスは 男子が 10人 いるよ。男子は 女子より
3人 すくない。女子は なん人 いるかな？

ず
男子
女子

しき _____

こたえ ____ 人

みかんと りんごが あわせて 5こ あるよ。
それぞれ いくつずつ あるかな？

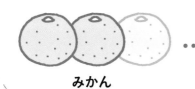

みかん

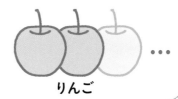

りんご

あわせて 5こ

みかんと りんごの かずの
くみあわせは いくつか あるよ。
ぜんぶ こたえられるかな。

かんがえて みよう！

🟠 こ 🍎 こ　🟠 こ 🍎 こ　🟠 こ 🍎 こ

🟠 こ 🍎 こ　🟠 こ 🍎 こ　🟠 こ 🍎 こ

**こう やって
かんがえたよ**

....

できたら
てんさい
天才！

....

....

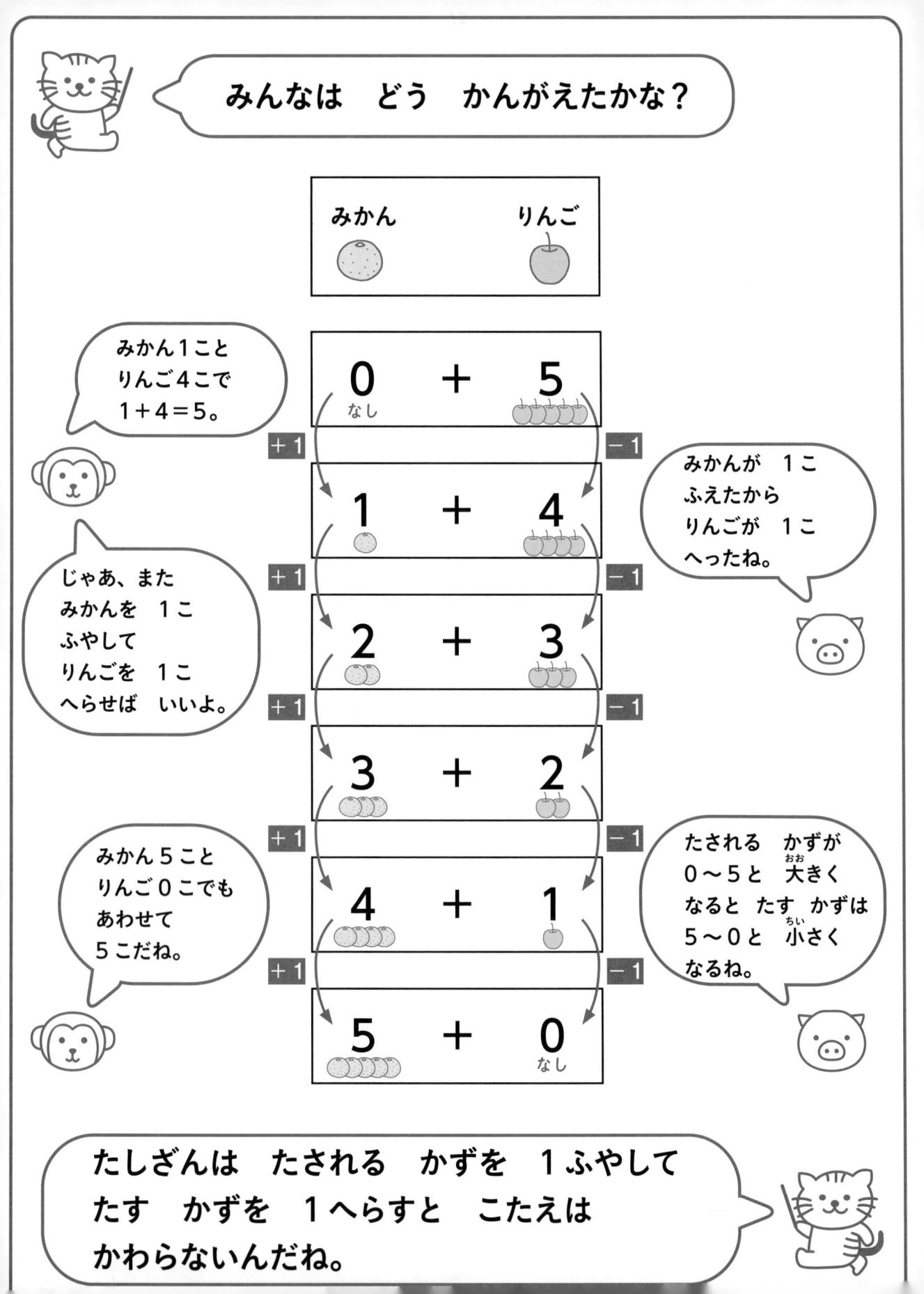

やって みよう！

たしざんの きまり

たしざんは たされる かずを
＋1して たす かずを －1に
すると その こたえは もとの
しきの こたえと かわらないよ。

$$6 + 4 = 10$$

+1 ↓　　　－1 ↓

$$7 + 3 = 10$$

たしざんの きまり を つかって こたえが 10に なる
たしざんを つくろう！

れい

$$8 + 2 = 10$$

+1 ↓　　　－1 ↓

$$\boxed{9} + \boxed{1} = 10$$

①

$$3 + 7 = 10$$

+1 ↓　　　－1 ↓

$$\square + \square = 10$$

②

$$4 + 6 = 10$$

+2 ↓　　　－2 ↓

$$\square + \square = 10$$

③

$$8 + 2 = 10$$

－3 ↓　　　＋3 ↓

$$\square + \square = 10$$

 を つかって しきを 10 + □ や

□ + 10 に かえて けいさんしよう！

れい

8 + 7 = 15

+② ↓   ↓ −②

10 + 5 = 15

---

①

7 + 5 = □

+○ ↓   ↓ −○

10 + □ = □

---

②

9 + 4 = □

+○ ↓   ↓ −○

10 + □ = □

---

③

6 + 9 = □

−○ ↓   ↓ +○

□ + 10 = □

---

④

4 + 8 = □

−○ ↓   ↓ +○

□ + 10 = □

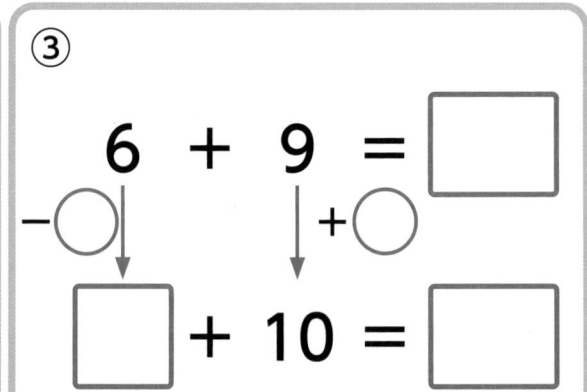

10 + □、□ + 10
に なると たしざんが
かんたんに なるね！

みかんは りんごより ３こ おおいよ。
みかんと りんごは それぞれ いくつずつ あるかな？

みかん

りんご

３こ おおい

それぞれ １〜10こまでの かずの はんいで
いくつずつ あるか 見つけられるだけ
見つけて みよう！

みかんと りんごの かずの くみあわせは
たくさん あるよ。
ぜんぶ 見つける いい ほうほうは
あるかな？

かんがえて みよう！

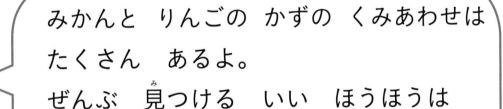

こ　　　こ　　　　　こ　　　こ　　　　　こ　　　こ

こ　　　こ　　　　　こ　　　こ　　　　　こ　　　こ

こ　　　こ

できたら
天才！

さがしかた

みんなは　どう　かんがえたかな？

みかん	🍊 🍊 🍊 ┊ 🍊	4
りんご	🍎	1
みかん	🍊 🍊 🍊 🍊 🍊	5
りんご	🍎 🍎	2

> どちらも　1こずつ　ふやしたから
> みかんが　3こ　おおい　ことは
> かわらないんだ！

$4 － 1 ＝ 3$ こ
$4 － 1 ＝ 3$　だから
みかん4こで　りんご1こ。

$5 － 2 ＝ 3$ こ
$5 － 2 ＝ 3$　だから
みかん5こで　りんご2こ。

$6 － 3 ＝ 3$ こ

> また　1こずつ　ふやして
> 🍊6こ　🍎3こ　でも　いいね。
> この　やりかたを　つづけて
> いけば　ぜんぶ　わかるよ！

$7 － 4 ＝ 3$ こ

$8 － 5 ＝ 3$ こ

$9 － 6 ＝ 3$ こ

$10 － 7 ＝ 3$ こ

> 「ひかれる　かずと
> ひく　かずを
> おなじ　かずずつ
> ふやしたり
> へらしたりしても
> こたえは
> かわらない」
> という　きまりを
> つかうのが
> ポイントだね。

ひきざんの　きまり

$$4 － 1$$
-2　-2
$$6 － 3$$ $＝3$
$+4$　$+4$
$$10 － 7$$

やって みよう！

ひきざんの きまり

ひきざんは ひかれる かずと ひく かずを
おなじ かずずつ ふやせば（へらせば）
その しきの こたえはもとの
しきの こたえと かわらないよ。

$$4 - 2 = 2$$
　-1 ↑　　　-1 ↑
$$5 - 3 = 2$$
　+2 ↓　　　+2 ↓
$$7 - 5 = 2$$

ひきざんの きまり を つかって こたえが おなじに なる
ひきざんの しきを つくろう！

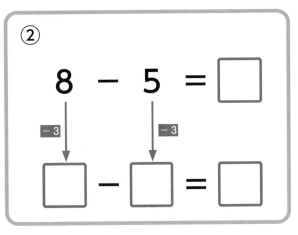

れい

$$4 - 2 = 2$$
　+1 ↓　　　+1 ↓
$$\boxed{5} - \boxed{3} = 2$$

①

$$9 - 4 = \Box$$
　-1 ↓　　　-1 ↓
$$\Box - \Box = \Box$$

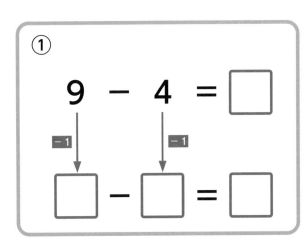

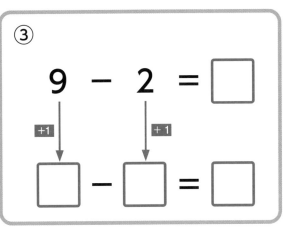

②

$$8 - 5 = \Box$$
　-3 ↓　　　-3 ↓
$$\Box - \Box = \Box$$

③

$$9 - 2 = \Box$$
　+1 ↓　　　+1 ↓
$$\Box - \Box = \Box$$

ちょうせんしよう！

① **ひきざんの きまり** を つかって しきを 10 − ☐ に かえて けいさんしよう！

> 10 −いくつ に すると ひきざんが かんたんに なるね！

れい

$$12 - 4 = 8$$
−② ↓ ↓ −②
$$10 - 2 = 8$$

❶
$$14 - 8 = \boxed{}$$
−◯ ↓ ↓ −◯
$$10 - \boxed{} = \boxed{}$$

❷
$$13 - 6 = \boxed{}$$
−◯ ↓ ↓ −◯
$$10 - \boxed{} = \boxed{}$$

② **ひきざんの きまり** を つかって しきを ☐ − 10 に かえて けいさんしよう！

> いくつ− 10 に しても ひきざんが かんたんに なるね！

れい

$$15 - 8 = \boxed{7}$$
+② ↓ ↓ +②
$$17 - \boxed{10} = \boxed{7}$$

❶
$$14 - 9 = \boxed{}$$
+◯ ↓ ↓ +◯
$$\boxed{} - 10 = \boxed{}$$

❷
$$12 - 7 = \boxed{}$$
+◯ ↓ ↓ +◯
$$\boxed{} - 10 = \boxed{}$$

天才!

1

① ・ と ・ のあいだは どれも おなじ ながさだよ。
ながい ほうに ○をつけよう!

（　　） 　（　　）

→第7回

② ・——・（よこの ——）は、｜（たての ｜） 2つぶんの
ながさだよ。ながい ほうに ○を つけよう!

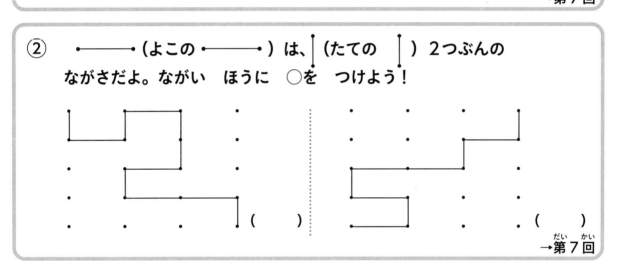

（　　） 　（　　）

→第7回

③ ⌐ は □3つぶんの ひろさだよ。
ひろい ほうに ○をつけよう!

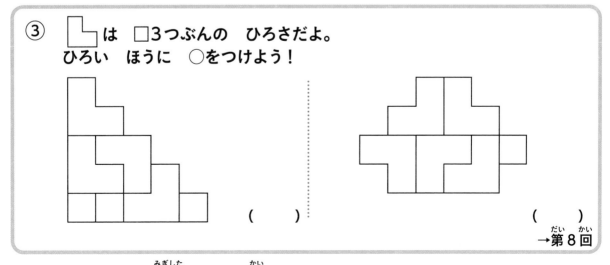

（　　） 　（　　）

→第8回

※わからない ときは 右下の →の 回に もどってみよう。

かずの けいさん できるかな？

2

① □に あてはまる
かずを かこう！

80	
50	□

② たしざんを しよう！

40 ＋ 60 ＝ □

10が □ ＋ 10が □ ＝ 10が □

→第3回

3

① □と ○に かずを
入れて けいさんしよう！

10 ＋ 7 ＝ 17
−○↓ −○↓
8 ＋ 7 ＝ □

→第5回

② □に かずを 入れて
けいさんしよう！

9 ＋ ｜7 − 6｜
↓
＝ 9 ＋ □

＝ □

→第9回

4 つぎの けいさんを しよう！

① 14 − 8 − 4

＝ _____

＝ _____

＝ □

→第11回

② 15 − 7

＝ _____

＝ _____

＝ □

→第12回

おはなしを ず に できるかな？

5 子どもたちが 1れつに ならんでいるよ。

　ず と しき を かいて なん人 ならんでいるか もとめよう！

① わたしの まえに 6人、うしろに 9人 ならんで いるよ。

ず

しき _____ こたえ 　　　人

→第14回

② わたしの まえに 8人、うしろに 4人 ならんで いるよ。

ず

しき _____ こたえ 　　　人

→第14回

③ わたしは まえから 6ばん目、うしろから 10ばん目だよ。

ず

しき _____ こたえ 　　　人

→第15回

④ わたしの まえに 10人 ならんで いるよ。わたしは うしろから
10ばん目だよ。

ず

しき _____ こたえ 　　　人

→第15回

これで 1年生の さんすうは バッチリ！

6 ず と しき を かいて もんだいに こたえよう！

① 男子が 12人 いるよ。男子は 女子より 4人 おおい。
女子は なん人 いるかな？

ず
男子
女子

しき

_____

こたえ

_____ 人

→第16回

② 車が 12だい とまって いるよ。
車は じてん車より 8だい すくない。じてん車は なんだい とまって いるかな？

ず
車
じてん車

しき

_____

こたえ

_____ だい

→第17回

7 □ と ○ に かずを 入れて けいさんしよう！

① たしざんの きまりを つかって しきを 10 + □ に かえて けいさんしよう！

$$8 + 6 = \boxed{}$$

+○↓   ↓ −○

$$10 + \boxed{} = \boxed{}$$

→第18回

② ひきざんの きまりを つかって しきを 10 − □ に かえて けいさんしよう！

$$12 − 7 = \boxed{}$$

−○↓   ↓ −○

$$10 − \boxed{} = \boxed{}$$

→第19回

認定証

算数クイズ
14 〜 20

殿

あなたを
「この１冊で身につく！１年生の算数思考力」
算数クイズ14〜20修了と認定します。
ここにその努力をたたえ、
認定証を授与します。
これからも算数クイズ名人を目指し、
思考力を伸ばしましょう！

年　　　月　　　日

筑波大学附属小学校 大野 桂

こたえ

1 どちらが おおい？

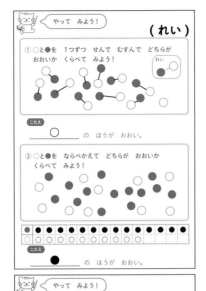

2 カードを さがそう！

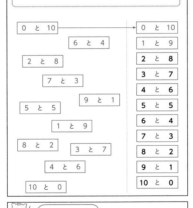

3 いくつ あるかな？

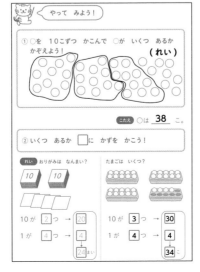

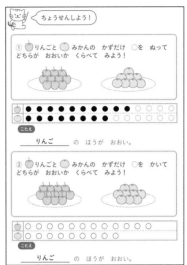

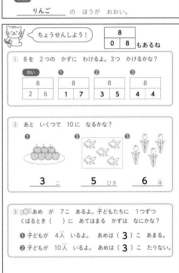

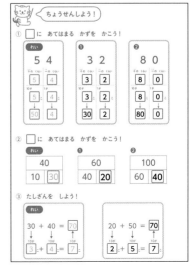

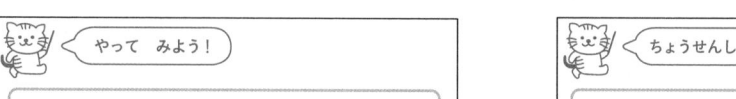

大野先生のさんすうクイズ

こたえ

4 たしざんが かんたんに なる くふう

やって みよう！

「10＋いくつ」と なるように □に かずを 入れて、
3つの かずの たしざんを しよう。

れい $9 + \boxed{1} + 4 \rightarrow 10 + 4 = 14$
　　　　　　　10　　と　いくつ

① $7 + \boxed{3} + 6 \rightarrow \underline{10} + \underline{6} = 16$

② $6 + \boxed{4} + 8 \rightarrow \underline{10} + \underline{8} = 18$

③ $8 + \boxed{2} + 5 \rightarrow \underline{10} + \underline{5} = 15$

④ $5 + \boxed{5} + 6 \rightarrow \underline{10} + \underline{6} = 16$

⑤ $3 + \boxed{7} + 9 \rightarrow \underline{10} + \underline{9} = 19$

ちょうせんしよう！

「いくつ＋10」と なるように □に かずを 入れて、
3つの かずの たしざんを しよう。

れい $3 + \boxed{2} + 8 \rightarrow 3 + 10 = 13$
　　　　　　　いくつ　と　10

① $4 + \boxed{1} + 9 \rightarrow \underline{4} + \underline{10} = 14$

② $3 + \boxed{2} + 8 \rightarrow \underline{3} + \underline{10} = 13$

③ $5 + \boxed{3} + 7 \rightarrow \underline{5} + \underline{10} = 15$

④ $7 + \boxed{4} + 6 \rightarrow \underline{7} + \underline{10} = 17$

⑤ $6 + \boxed{5} + 5 \rightarrow \underline{6} + \underline{10} = 16$

5 どちらが かぞえやすい？

やって みよう！

あわせた かずを かぞえやすい ほうを ○で かこもう！
1ページまえの 「みんなは どう かんがえたかな？」の ように
かんがえて みよう！

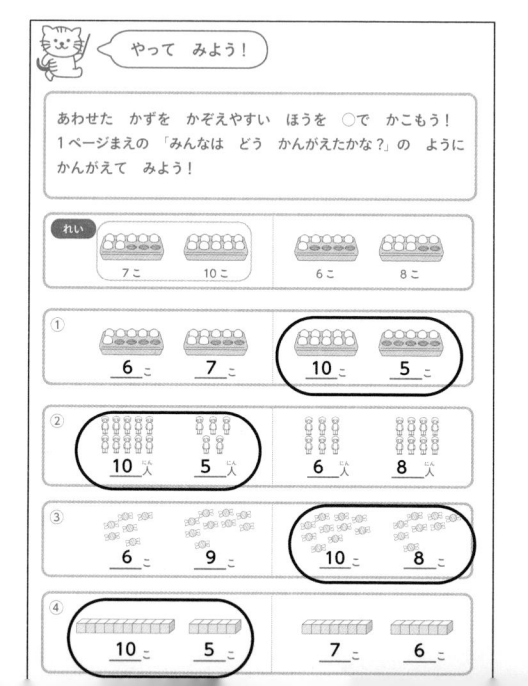

ちょうせんしよう！

① つぎの けいさんを しよう！

❶ $10 + 4 = \boxed{14}$ 　 ❷ $10 + 7 = \boxed{17}$

❸ $6 + 10 = \boxed{16}$ 　 ❹ $3 + 10 = \boxed{13}$

② □と ○に かずを 入れて けいさんを しよう！

れい
$10 + 4 = 14$
$-① \downarrow \quad \downarrow ←①$
$9 + 4 = \boxed{13}$

たされる かずが
1 小さく なったから
こたえも 1 小さく
なったね。

❶
$10 + 6 = 16$
$-① \downarrow \quad \downarrow ←①$
$9 + 6 = \boxed{15}$

❷
$10 + 3 = 13$
$-② \downarrow \quad \downarrow ←②$
$8 + 3 = \boxed{11}$

❸
$5 + 10 = 15$
$\quad \downarrow ←① \quad \downarrow ←①$
$5 + 9 = \boxed{14}$

❹
$8 + 10 = 18$
$\quad \downarrow ←③ \quad \downarrow ←③$
$8 + 7 = \boxed{15}$

6 くりあがりの ある たしざん

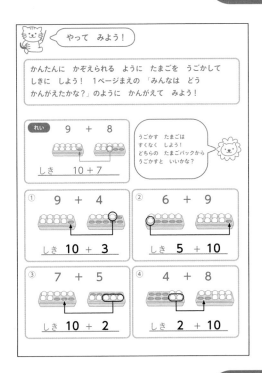

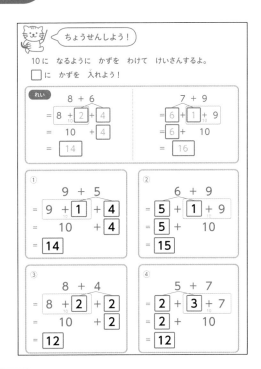

7 ながさくらべ

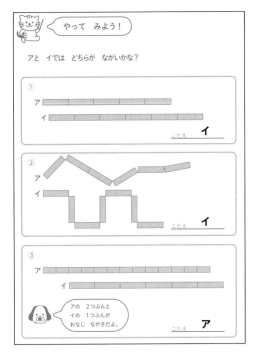

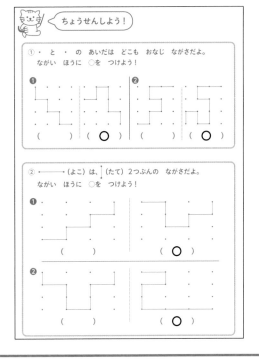

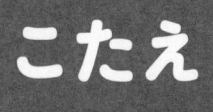

大野先生のさんすうクイズ

こたえ

8 ひろさくらべ

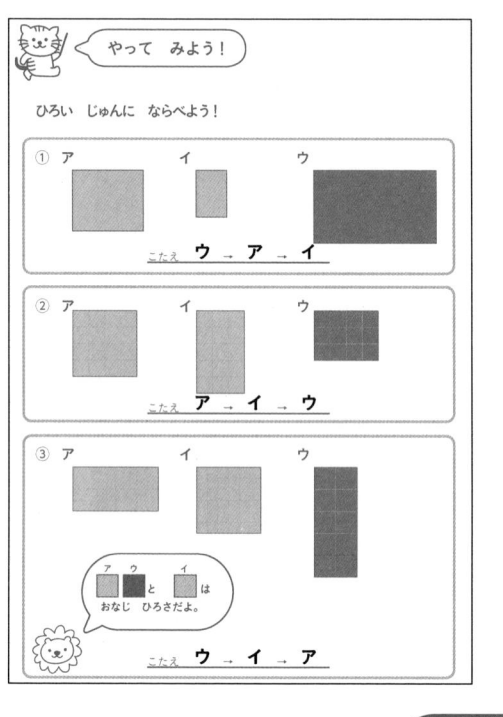

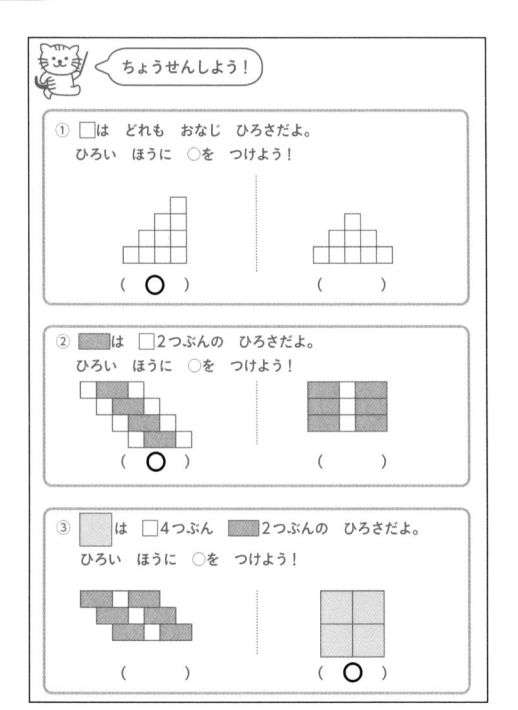

9 どちらから ひく?

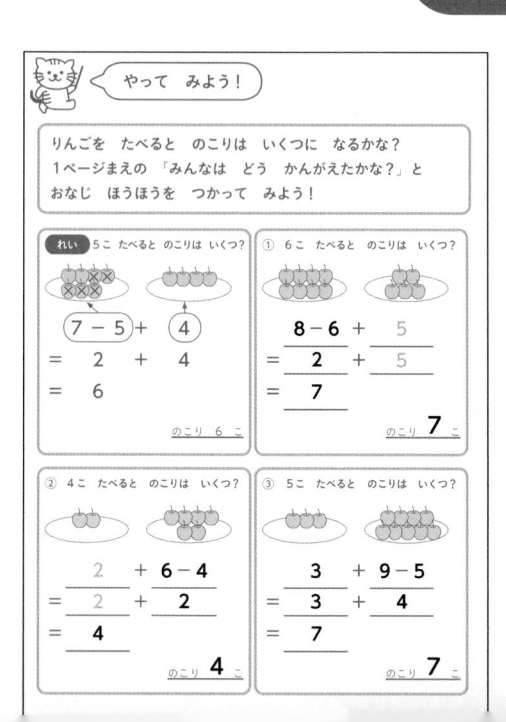

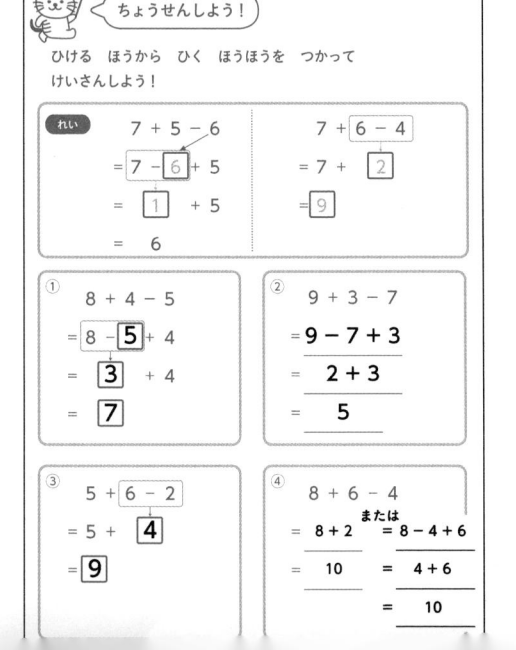

こたえ

10 ひけない ときは?

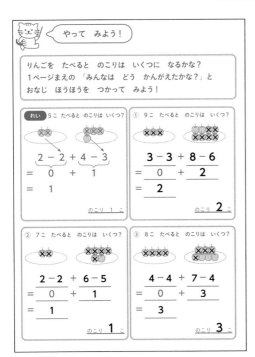

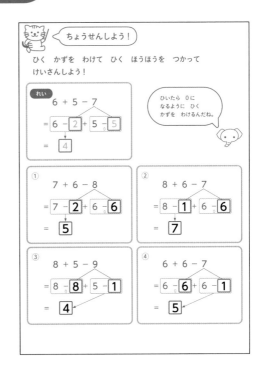

11 ひきざんを かんたんに する くふう

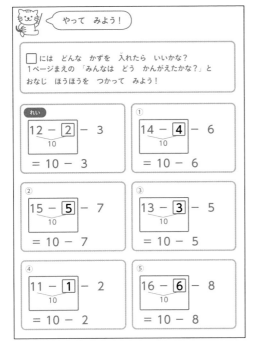

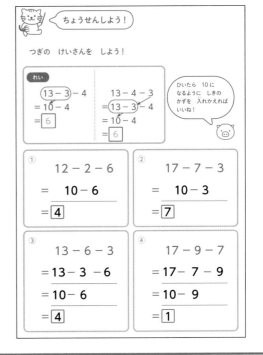

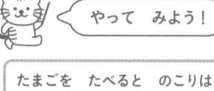 大野先生のさんすうクイズ

こたえ

12 くり下がりの ある ひきざん①

 やって みよう！

たまごを たべると のこりは いくつに なるかな？
1ページまえの 「みんなは どう かんがえたかな？」と
おなじ ほうほうを つかって みよう！

れい たまごが 12こ あるよ。3こ たべると のこりは いくつ？

まず <u>2</u>こ たべる ➡ あと <u>1</u>こ たべるから

$12 - \underline{2} = 10$ $10 - \underline{1} = \underline{9}$ のこり 9 こ

① たまごが 14こ あるよ。6こ たべると のこりは いくつ？

まず <u>**4**</u>こ たべる ➡ あと <u>**2**</u>こ たべるから

$14 - \underline{\mathbf{4}} = 10$ $10 - \underline{\mathbf{2}} = \underline{\mathbf{8}}$ のこり 8 こ

② たまごが 16こ あるよ。8こ たべると のこりは いくつ？

まず <u>**6**</u>こ たべる ➡ あと <u>**2**</u>こ たべるから

$16 - \underline{\mathbf{6}} = 10$ $10 - \underline{\mathbf{2}} = \underline{\mathbf{8}}$ のこり 8 こ

 ちょうせんしよう！

ひかれる かずの 一のくらいが 0に なるように
ひく かずを わけて けいさんしよう！

れい
$$12 - 3$$
$$= 12 - \boxed{2} - \boxed{1}$$
$$= \quad 10 \quad - \boxed{1}$$
$$= \quad \boxed{9}$$

①
$$14 - 6$$
$$= 14 - \boxed{4} - \boxed{2}$$
$$= \quad 10 \quad - \boxed{2}$$
$$= \quad \boxed{8}$$

②
$$13 - 5$$
$$= 13 - \boxed{3} - \boxed{2}$$
$$= \boxed{10} - \boxed{2}$$
$$= \quad \boxed{8}$$

③
$$11 - 8$$
$$= 11 - \boxed{1} - \boxed{7}$$
$$= \boxed{10} - \boxed{7}$$
$$= \quad \boxed{3}$$

④
$$17 - 9$$
$$= 17 - \boxed{7 - 2}$$
$$= \quad 10 - 2$$
$$= \boxed{8}$$

⑤
$$14 - 8$$
$$= 14 - \boxed{4 - 4}$$
$$= \quad 10 - 4$$
$$= \boxed{6}$$

13 くり下がりの ある ひきざん②

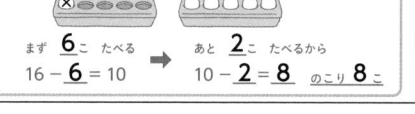 やって みよう！

たまごを たべると のこりは いくつに なるかな？
1ページまえの 「みんなは どう かんがえたかな？」と
おなじ ほうほうを つかって みよう！

れい たまごが 12こ あるよ。9こ たべると のこりは いくつ？

9こ たべる ➡ あまった <u>1</u>こと 2こを あわせる

$10 - 9 = \underline{1}$ $\underline{1} + 2 = 3$ のこり 3 こ

① たまごが 14こ あるよ。8こ たべると のこりは いくつ？

8こ たべる ➡ あまった <u>**2**</u>こと 4こを あわせる

$10 - 8 = \underline{\mathbf{2}}$ $\underline{\mathbf{2}} + 4 = \underline{\mathbf{6}}$ のこり 6 こ

② たまごが 15こ あるよ。7こ たべると のこりは いくつ？

7こ たべる ➡ あまった <u>**3**</u>こと 5こを あわせる

$10 - 7 = \underline{\mathbf{3}}$ $\underline{\mathbf{3}} + 5 = \underline{\mathbf{8}}$ のこり 8 こ

 ちょうせんしよう！

ひかれる かずを 10と いくつに わけて
けいさんしよう！

れい
$$13 - 9$$
$$= \boxed{10} - 9 + \boxed{3}$$
$$= \quad \boxed{1} \quad + \boxed{3}$$
$$= \quad \boxed{4}$$

①
$$12 - 7$$
$$= \boxed{10} - 7 + \boxed{2}$$
$$= \quad \boxed{3} \quad + \boxed{2}$$
$$= \quad \boxed{5}$$

②
$$15 - 9$$
$$= \boxed{10} - 9 + \boxed{5}$$
$$= \quad \boxed{1} \quad + \boxed{5}$$
$$= \quad \boxed{6}$$

③
$$11 - 7$$
$$= \boxed{10} - 7 + \boxed{1}$$
$$= \quad \boxed{3} \quad + \boxed{1}$$
$$= \quad \boxed{4}$$

④
$$13 - 8$$
$$= \boxed{10} - 8 + \boxed{3}$$
$$= \quad 2 + 3$$
$$= \boxed{5}$$

⑤
$$14 - 6$$
$$= \boxed{10} - 6 + \boxed{4}$$
$$= \quad 4 + 4$$
$$= \boxed{8}$$

こたえ

14 なん人いるかな？①

やって みよう！

子どもたちが 1れつに ならんで いるよ。
「わたし」を ○で かこんで ぜんぶで なん人 ならんで
いるか もとめよう！

れい わたしの まえに 3人、うしろに 4人 ならんで いるよ。

$\underline{3} + \underline{1} + \underline{4} = \underline{8}$　　こたえ 8人

① わたしの まえに 4人、うしろに 2人 ならんで いるよ。

$\underline{4} + \underline{1} + \underline{2} = \underline{7}$　　こたえ 7人

② わたしの まえに 5人、うしろに 5人 ならんで いるよ。

$\underline{5} + \underline{1} + \underline{5} = \underline{11}$　　こたえ 11人

③ わたしの まえに 9人、うしろに 6人 ならんで いるよ。

$\underline{9} + \underline{1} + \underline{6} = \underline{16}$　　こたえ 16人

ちょうせんしよう！

ず と しき を かいて ぜんぶで なん人 ならんで
いるか もとめよう！

① わたしの まえに 4人、うしろに 5人 ならんで いるよ。

しき $4 + 1 + 5 = 10$　　こたえ 10人

② わたしの まえに 7人、うしろに 3人 ならんで いるよ。

しき $7 + 1 + 3 = 11$　　こたえ 11人

③ わたしの まえに 9人、うしろに 7人 ならんで いるよ。

しき $9 + 1 + 7 = 17$　　こたえ 17人

④ わたしの まえに 8人、うしろに 9人 ならんで いるよ。

しき $8 + 1 + 9 = 18$　　こたえ 18人

15 なん人いるかな？②

やって みよう！

子どもたちが 1れつに ならんで いるよ。
ぜんぶで なん人 ならんで いるか もとめよう！

れい わたしは まえから 3ばん目、うしろから 4ばん目だよ。

まえ ➡ $\underline{3} + \underline{4} - \underline{1} = \underline{6}$　　こたえ 6人

① わたしは まえから 4ばん目、うしろから 2ばん目だよ。

まえ ➡ $\underline{4} + \underline{2} - \underline{1} = \underline{5}$　　こたえ 5人

② わたしは まえから 5ばん目、うしろから 4ばん目だよ。

まえ ➡ $\underline{5} + \underline{4} - \underline{1} = \underline{8}$　　こたえ 8人

③ わたしは まえから 6ばん目、わたしの うしろには 4人
ならんで いるよ。

まえ ➡ $\underline{6} + \underline{4} = \underline{10}$　　こたえ 10人

ちょうせんしよう！

ず と しき を かいて ぜんぶで なん人 ならんで
いるか もとめよう！

① わたしは まえから 4ばん目、うしろから 5ばん目だよ。

しき $4 + 5 - 1 = 8$　　こたえ 8人

② わたしは まえから 7ばん目、うしろから 3ばん目だよ。

しき $7 + 3 - 1 = 9$　　こたえ 9人

③ わたしは まえから 10ばん目、うしろには 7人 ならんで
いるよ。

しき $10 + 7 = 17$　　こたえ 17人

④ わたしの まえに 6人 ならんで いるよ。わたしは うしろから
9ばん目だよ。

しき $6 + 9 = 15$　　こたえ 15人

おお の せんせい

こたえ

16 たすのかな？ひくのかな？①

やって みよう！

ずの つづきを かいて、もんだいに こたえよう！

れい りんごが 6こあるよ。りんごは みかんより
2こ おおい。みかんは いくつ あるかな？

りんご 🍎🍎🍎 ｜ 🍎🍎🍎 2こ おおい
みかん 🍊🍊🍊 ｜ ⚪⚪ 2こ すくない

しき：6 − 2 = 4   こたえ 4こ

① りんごが 8こあるよ。りんごは みかんより 3こ おおい。
みかんは いくつ あるかな？

りんご 🍎🍎🍎🍎🍎🍎🍎🍎
みかん 🍊🍊🍊🍊🍊

しき：8 − 3 = 5   こたえ 5こ

② いぬが 10ぴき いるよ。いぬは ねこより 4ひき おおい。
ねこは なんびき いるかな？

いぬ 🐶🐶🐶🐶🐶🐶🐶🐶🐶🐶
ねこ 🐱🐱🐱🐱🐱🐱

しき：10 − 4 = 6   こたえ 6ひき

ちょうせんしよう！

ず と しき を かいて もんだいに こたえよう！

① りんごが 7こ あるよ。りんごは みかんより 3こ おおい。
みかんは いくつ あるかな？

ず 🍎🍎🍎🍎🍎🍎🍎
🍊🍊🍊🍊

しき 7 − 3 = 4
こたえ 4こ

② りんごが 7こ あるよ。みかんは りんごより 3こ おおい。
みかんは いくつ あるかな？

ず 🍎🍎🍎🍎🍎🍎🍎
🍊🍊🍊🍊🍊🍊🍊🍊🍊🍊

しき 7 + 3 = 10
こたえ 10こ

③ 赤い 花が 10本 あるよ。赤い 花は 白い 花より
4本 おおい。白い 花は なん本 あるかな？

ず ★★★★★★★★★★
☆☆☆☆☆☆

しき 10 − 4 = 6
こたえ 6本

④ 赤い 花が 10本 あるよ。白い 花は 赤い 花より
4本 おおい。白い 花は なん本 あるかな？

ず ★★★★★★★★★★
☆☆☆☆☆☆☆☆☆☆☆☆☆☆

しき 10 + 4 = 14
こたえ 14本

17 たすのかな？ひくのかな？②

やって みよう！

ずの つづきを かいて、もんだいに こたえよう！

れい りんごが 6こあるよ。りんごは みかんより
2こ すくない。みかんは いくつ あるかな？

りんご 🍎🍎🍎🍎🍎🍎 ｜ ⚪⚪ 2こ すくない
みかん 🍊🍊🍊🍊🍊🍊 ｜ 🍊🍊 2こ おおい

しき：6 + 2 = 8   こたえ 8こ

① りんごが 8こあるよ。りんごは みかんより 4こ すくない。
みかんは いくつ あるかな？

りんご 🍎🍎🍎🍎🍎🍎🍎🍎
みかん 🍊🍊🍊🍊🍊🍊🍊🍊🍊🍊🍊🍊

しき：8 + 4 = 12   こたえ 12こ

② いぬが 10ぴき いるよ。いぬは ねこより 3びき すくない。
ねこは なんびき いるかな？

いぬ 🐶🐶🐶🐶🐶🐶🐶🐶🐶🐶
ねこ 🐱🐱🐱🐱🐱🐱🐱🐱🐱🐱🐱🐱🐱

しき：10 + 3 = 13   こたえ 13ひき

ちょうせんしよう！

ず と しき を かいて もんだいに こたえよう！

① りんごが 7こ あるよ。りんごは みかんより 3こ すくない。
みかんは いくつ あるかな？

ず 🍎🍎🍎🍎🍎🍎🍎
🍊🍊🍊🍊🍊🍊🍊🍊🍊🍊

しき 7 + 3 = 10
こたえ 10こ

② りんごが 7こ あるよ。みかんは りんごより 3こ すくない。
みかんは いくつ あるかな？

ず 🍎🍎🍎🍎🍎🍎🍎
🍊🍊🍊🍊

しき 7 − 3 = 4
こたえ 4こ

③ わたしの クラスは 男子が 10人 いるよ。女子は 男子より
3人 すくない。女子は なん人 いるかな？

ず 男子 👤👤👤👤👤👤👤👤👤👤
女子 👤👤👤👤👤👤👤

しき 10 − 3 = 7
こたえ 7人

④ わたしの クラスは 男子が 10人 いるよ。男子は 女子より
3人 すくない。女子は なん人 いるかな？

ず 男子 👤👤👤👤👤👤👤👤👤👤
女子 👤👤👤👤👤👤👤👤👤👤👤👤👤

しき 10 + 3 = 13
こたえ 13人

18 たしざんの きまり

やって みよう！

たしざんの きまり

たしざんは たされる かずを
＋1して たす かずを －1に
すると その こたえは もとの
しきの こたえと かわらないよ。

6 ＋ 4 ＝ 10
7 ＋ 3 ＝ 10

たしざんの きまり を つかって こたえが 10に なる
たしざんを つくろう！

れい
8 ＋ 2 ＝ 10
9 ＋ 1 ＝ 10

① 3 ＋ 7 ＝ 10
4 ＋ 6 ＝ 10

② 4 ＋ 6 ＝ 10
6 ＋ 4 ＝ 10

③ 8 ＋ 2 ＝ 10
5 ＋ 5 ＝ 10

ちょうせんしよう！

たしざんの きまり を つかって しきを 10＋□や
□＋10に かえて けいさんしよう！

れい
8 ＋ 7 ＝ 15
10 ＋ 5 ＝ 15

① 7 ＋ 5 ＝ 12
10 ＋ 2 ＝ 12

② 9 ＋ 4 ＝ 13
10 ＋ 3 ＝ 13

③ 6 ＋ 9 ＝ 15
5 ＋ 10 ＝ 15

④ 4 ＋ 8 ＝ 12
2 ＋ 10 ＝ 12

10＋□、□＋10 に なると たしざんが かんたんに なるね！

19 ひきざんの きまり

やって みよう！

ひきざんの きまり

ひきざんは ひかれる かずと ひく かずを
おなじ かずずつ ふやせば（へらせば）
その しきの こたえはもとの
しきの こたえと かわらないよ。

4 － 2 ＝ 2
5 － 3 ＝ 2
7 － 5 ＝ 2

ひきざんの きまり を つかって こたえが おなじに なる
ひきざんの しきを つくろう！

れい
4 － 2 ＝ 2
5 － 3 ＝ 2

① 9 － 4 ＝ 5
8 － 3 ＝ 5

② 8 － 5 ＝ 3
5 － 2 ＝ 3

③ 9 － 2 ＝ 7
10 － 3 ＝ 7

ちょうせんしよう！

① **ひきざんの きまり** を つかって しきを 10－□に
かえて けいさんしよう！

10－いくつ に すると ひきざんが かんたんに なるね！

れい
12 － 4 ＝ 8
10 － 2 ＝ 8

❶ 14 － 8 ＝ 6
10 － 4 ＝ 6

❷ 13 － 6 ＝ 7
10 － 3 ＝ 7

② **ひきざんの きまり** を つかって しきを □－10に
かえて けいさんしよう！

いくつ－10 に しても ひきざんが かんたんに なるね！

れい
15 － 8 ＝ 7
17 － 10 ＝ 7

❶ 14 － 9 ＝ 5
15 － 10 ＝ 5

❷ 12 － 7 ＝ 5
15 － 10 ＝ 5

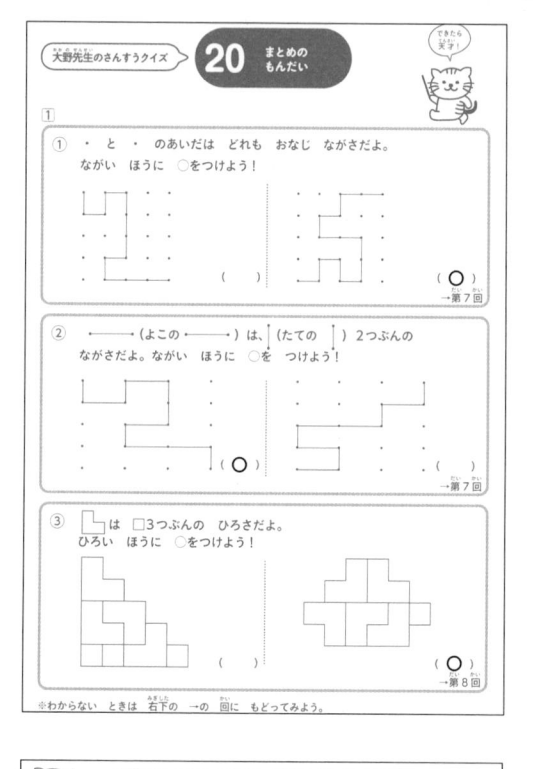

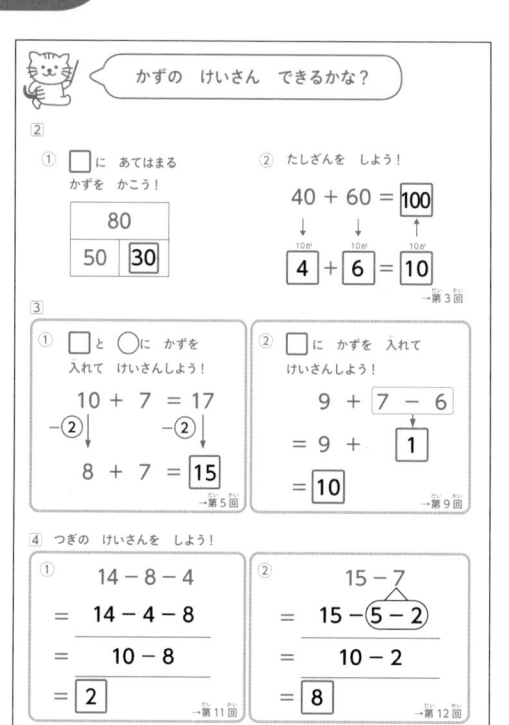

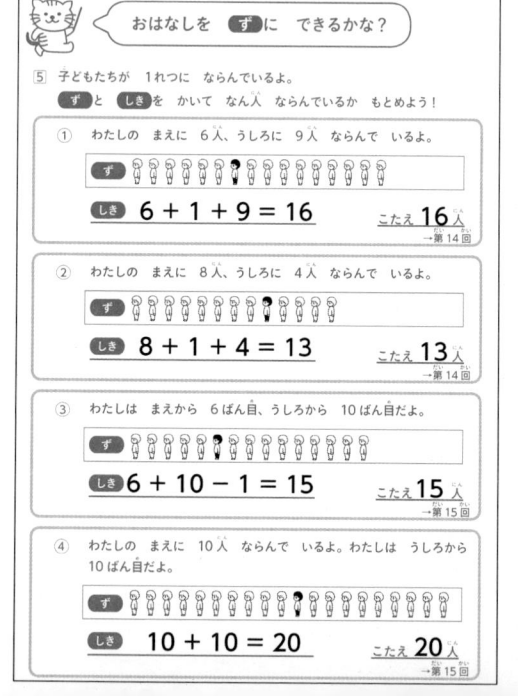

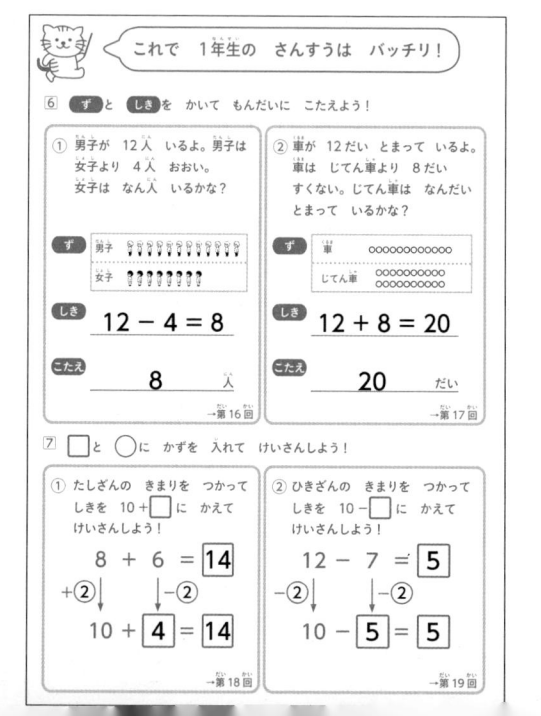